Physik Einführungsphase GOS

Inhalt

P.Barbian:
Physik-Aufgaben - Einführungsphase GOS
ISBN 978-3-937060-51-4

9 783937 060514

Vorwort

Diese Sammlung enthält 366 Physik-Aufgaben für die Einführungsphase der GOS. Zählt man mehrteilige Aufgaben mit der Anzahl ihrer Teile, kommt man auf 677 einzelne Aufgabenteile.

ZUR NUMMERIERUNG: Jede Aufgabenbezeichnung besteht aus einem Kennbuchstaben für das Themengebiet und einer Nummer, allerdings nicht fortlaufend: Ungerade Nummern sind übersprungen, und zum Beginn neuer Unterabschnitte springt die Nummerierung um etwa 50. So kann die Sammlung zukünftig besser um neue Aufgaben erweitert werden, ohne dass die alten Aufgaben neue Nummern bekommen.

ZUM SCHWIERIGKEITSGRAD: Oberhalb jeder Aufgabennummer deutet eine Anzahl Sternchen – insgesamt 294 Stück – den Schwierigkeitsgrad der Aufgabe an. Diese Einstufungen sind natürlich auch subjektiv, richten sich aber grob nach folgenden Kriterien:

Aufgaben ohne Sterne sind im Wesentlichen durch Einsetzen von Zahlenwerten in eine bekannte Gleichung zu lösen.

Mit ⋆ sind Aufgaben gekennzeichnet, bei denen mehrere Gleichungen zu kombinieren oder statt Zahlenwerten verallgemeinerte Terme einzusetzen sind.

Für Aufgaben mit ⋆⋆ ist mit physikalischem Verständnis ein passender Ansatz zu modellieren, wobei relevante Größen erst identifiziert werden müssen.

Die Lösung von ⋆⋆⋆-Aufgaben erfordert darüberhinaus einen besonders kreativen Umgang mit physikalischen oder mathematischen Methoden, z.B. eine numerische Simulation.

Aufgaben, die mit diesem Zeichen versehen sind, laden besonders zum Einsatz eines Tabellenkalkulationsprogrammes ein.

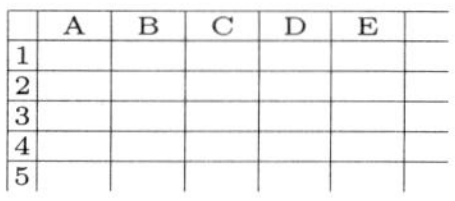

Patrick Barbian, im Mai 2012

Atome und Radioaktivität

(A) Atombau

Atom-Modelle

A 2: Hier siehst Du ein Stereogramm eines „platonischen Körpers“.

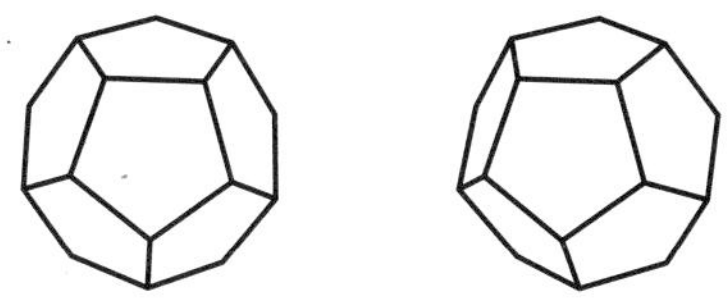

a) Wie heißt diese Körperform?

b) Welche platonischen Körper gibt es noch?

c) Was haben diese Körper hier verloren?

A 4: Zum antiken Griechenland:

a) Worin liegt der größte Unterschied zwischen der altgriechischen Naturwissenschaft und der modernen?

b) Wer ging von Feuer, Wasser, Erde und Luft als Grundelementen der Welt aus?

c) Woher kommt das Wort *Quintessenz*?

A 6: Betrachte N_2O, NO, N_2O_3, NO_2, N_2O_5 und NO_3 ! Welche Massenverhältnisse bilden Sauerstoff und Stickstoff darin? Wie verhalten sich diese Verhältnisse untereinander?

A 8: Stelle einen Papierstreifen her, auf dem die Entwicklung der Atomvorstellung in roter Farbe entlang einer Zeitachse festgehalten ist! Trage auch einige sonstige wichtige Ereignisse der Geschichte in anderer Farbe mit ein!

Größe von Atomen

A 60: Um eine winzige Portion Ölsäure abzumessen, wird zunächst ein gut abmessbarer Milliliter Ölsäure mit 9999 Millilitern Benzin gemischt. Von der Mischung wird ein halber Milliliter auf eine Wasseroberfläche gebracht. Das Benzin verdunstet, die Ölsäure bleibt als 556 cm² großer Fleck auf der Wasseroberfläche. Wie dick ist der Fleck?

A 62: Udo will ein maßstabsgetreues Atom-Modell bauen. Er geht davon aus, dass Hülle und Kern Durchmesser in der Größenordnung 10^{-10} m bzw. 10^{-14} m haben.

a) Als Kern hat er sich zunächst eine Murmel mit 1,4 cm Durchmesser ausgesucht. Wie groß wird die Hülle?

b) Udo hat es sich anders überlegt. Er opfert einen Fußball mit 22 cm Durchmesser als Hülle. Was könnte er als Kern nehmen?

c) Udo beginnt, an den Atomdarstellungen in Büchern zu zweifeln. Kann man auf einer DIN-A4-Seite mit einem 600-dpi-Drucker überhaupt ein maßstabsgetreues Bild drucken?
(Hinweis: dpi=dots per inch=Drucker-Pixel pro 25,4 mm)

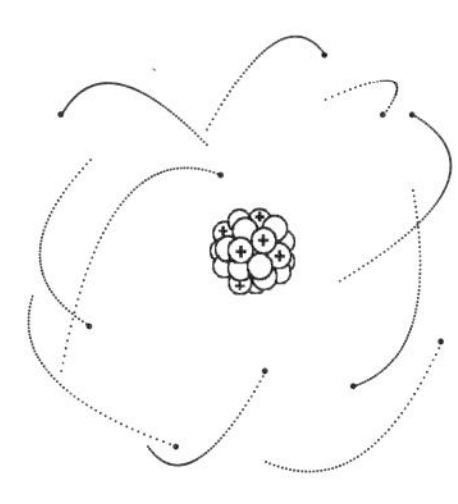

A 64: Angenommen, ein Atom nähme denselben Platz ein wie ein Würfel der Kantenlänge 10^{-10} m, und es lägen stets alle Atome lückenlos aneinander. Man habe nun einen Fingerhut (1 cm³) voller Atome eines Stoffes. Angenommen, man könnte diese Atome ...

a) ... zu einer Kette aneinanderreihen: Wie lang wäre diese Kette?

b) ... zu einer einlagigen Schicht ausbreiten: Wie groß wäre diese?

A 66: Um welchen Faktor ist das Volumen eines Atomkerns kleiner als das Volumen der Hülle, wenn sich die Durchmesser wie $1 : 10^4$ verhalten? Angenommen, die gesamte Hülle wäre ebenso dicht mit Materie gefüllt wie der Kern. Wie schwer wäre dann ein Stecknadelkopf, der real 2 mg schwer ist?

★

A 68: Eine 1000 km lange imaginäre Kette aus Atomen werde zu einer dicht gewundenen Spirale gelegt. Wie viel Fläche bedeckt diese Spirale? Welchen Durchmesser hat sie?

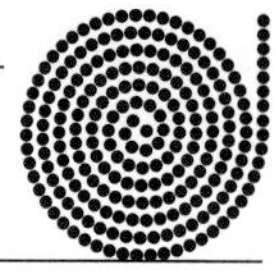

★

A 70: Wie viele Atome haben in einem Schnapsglas ($20\,cm^3$) Platz?

A 72: Leichte Atome sind etwa 10^{-10} m dick, ihr Kern sogar nur 10^{-15} m. Wie groß müsste in einem maßstabsgetreuen Modell das ganze Atom sein, wenn der Kern durch eine Apfelsine dargestellt würde?

Nuklide

A 120: In welcher Spalte und Zeile stehen auf einer Nuklidkarte die folgenden Nuklide:
$^{63}_{29}$Cu $^{197}_{79}$Au ^{198}Au He4 U235

A 122: Wie sind auf einer Nuklidkarte die Isotope eines Elementes angeordnet, und wie die Nuklide mit gleicher Massenzahl? (=Isobare, von griechisch *baris*=schwer)

A 124: Wie unterscheidet sich Pb204 von Pb208?

★

A 126: In welchem Verhältnis stehen Protonen- und Neutronenzahl bei stabilen Elementen mit kleiner (großer) Massenzahl etwa?

A 128: Einige Fragen zum Nuklid ^{11}B

a) Aus wie vielen Teilchen welcher Art besteht ein B11-Kern?
b) Wie viel Gramm Masse hat er?
c) Beantworte ohne Nuklidkarte, nur mit Periodensystem: Auf einer Nuklidkarte hat das Feld für Nuklid B11 vier Nachbarfelder. (oben, unten, links, rechts) Welche Nuklide sind dort eingetragen?

A 130: Löse die vorige Aufgabenstellung für ^{52}Cr !

A 132: Vom Element Bor (B) gibt es in der Natur zwei stabile Isotope. Schlage deren Massenzahlen auf einer Nuklidkarte nach, bilde deren Mittelwert unter Berücksichtigung der Häufigkeit der Isotope und vergleiche dies mit der relativen Atommasse von Bor laut Periodensystem!

A 134: In einem Druckwasserreaktor werde ein ^{235}U -Kern durch ein Neutron in einen Xenon-Kern, einen weiteren Kern und einige einzelne Neutronen gespalten. Zu welchem chemischen Element gehört der weitere Kern?

A 136: Ein Uran-235-Kern werde durch ein Neutron in einen Cäsium-137-Kern, einen Rubidium-96-Kern und einige einzelne Neutronen gespalten. Wie viele einzelne Neutronen liegen anschließend vor?

A 138: Welches Nuklid entsteht, wenn sich innerhalb eines Cäsium-137-Kerns eines der dortigen Neutronen in ein Proton umwandelt?

Stoffmenge

A 180: In welchem Zusammenhang stehen die Avogadro-Konstante N_A und die atomare Masseneinheit u zueinander?

★

A 182: Wie viele Moleküle sind enthalten in:

a) 3,4 g Ammoniak (NH_3) b) 3,6 kg Wasser c) 1 g Äthanol

★

A 184: Wie viele Protonen sind enthalten in …

a) … einem Glukose-Molekül mit Summenformel $C_6H_{12}O_6$? (wie hier dargestellt →)

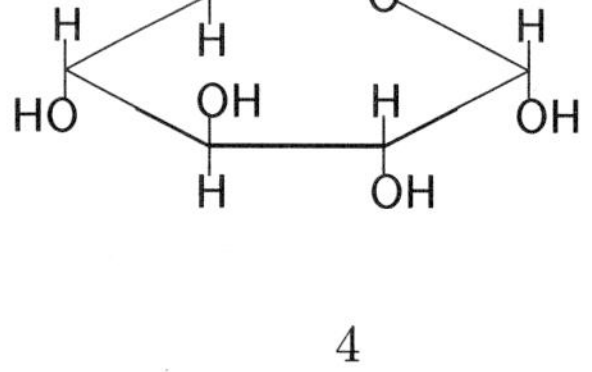

b) … 2 mol Methan CH_4 ?
c) … 4 g Kochsalz NaCl ?
d) … 1 l Wasser ?

★

A 186: Bei einem Druck von 1013 mbar und 0 °C nimmt ein Mol eines Gases ein Volumen von $22{,}4\,\mathrm{dm}^3$ ein. Welche Dichte hat reiner Sauerstoff unter diesen Bedingungen?

A 188: Ein moderner Computer mit einer Taktfrequenz von 3 GHz soll von 0 bis zur Avogadro-Zahl zählen. Es genüge dabei, dass sein Prozessor eines seiner Register entsprechend oft um 1 erhöht. Eine solche Addition dauert nur einen Takt, nach einer Sekunde ist der Prozessor also schon bei 3 000 000 000. Wie lange braucht der Computer für die Avogadro-Zahl? Gib das Ergebnis in angemessener Einheit an!

★

A 190: Wir betrachten hier Reis als Stoff, der idealisiert aus quaderförmigen Körnern mit den Abmessungen 6 mm × 2 mm × 2 mm als „Atomen“ bestehe.

a) Wie viel Mol Reis bräuchte man, damit diese Körner der Länge nach aneinandergelegt den Abstand Deutschlands von der Sonne abdecken?

b) Wie hoch wäre ein Mol Reis geschichtet, wenn man es gleichmäßig und dicht über ganz Deutschland verteilen würde?

Kernenergie

A 240: Fragen zum Atombau

a) Aus welchen Sorten von Teilchen bestehen Atomkerne? Charakterisiere diese Sorten stichwortartig!

b) Wie lautet der Oberbegriff für diese Teilchenarten?

c) Welche Kräfte bestimmen wesentlich den Aufbau von Atomkernen? Vergleiche diese Kräfte stichwortartig!

A 242: Noch mehr Fragen zum Atombau

a) Woraus lässt sich auf die Existenz der Kernkraft schließen?

b) Wie nennt man die Kernkraft noch?

c) Welche Sorte Nukleonen – Protonen oder Neutronen – hat unter sonst gleichen Bedingungen die höhere Bindungsenergie in einem Atomkern? Warum?

A 244: Erkläre in einem Satz, was man unter der Bindungsenergie einer Bindung versteht!

★

A 246: Warum gibt es weder Uran-150 noch Uran-300?

A 248: Wie viel Energie würde umgesetzt, wenn man einen Fe56-Kern in seine Nukleonen zerlegen würde? Würde diese Energie frei oder benötigt? Benutze das Diagramm auf Seite 6!

A 250: Angenommen, man könnte einen Thorium-210-Kern in lauter C14-Kerne zerlegen. Wie viel Energie würde dabei umgesetzt? Würde die Energie frei oder benötigt?

★

A 252: Bei den Kernfusionen in der Sonne entstehen (über einige Zwischenschritte) aus jeweils 4 Protonen He4-Kerne. Insgesamt werden dabei pro erzeugtem Heliumkern 26 MeV frei. (MeV = Megaelektronenvolt, ist eine in der Atom- und Kernphysik übliche Energieeinheit. Es gilt $1\,\mathrm{eV} = 1{,}602 \cdot 10^{-19}\,\mathrm{J}$)

a) Wie viel Energie wird bei der Erzeugung von 1 g Helium frei?

b) Wie viel Steinkohle (Heizwert: 30 kJ/g) liefert beim Verbrennen ebensoviel Energie?

★

A 254: Es werde diese Kernspaltung betrachtet:

$$^{235}_{92}\mathrm{U} + {}^{1}_{0}\mathrm{n} \rightarrow {}^{89}_{36}\mathrm{Kr} + {}^{144}_{56}\mathrm{Ba} + 3\,{}^{1}_{0}\mathrm{n}$$

a) Berechne, wie viel Energie pro Spaltung frei wird!

b) Wie viel Energie würde man so aus einem Gramm U235 gewinnen?

c) Wie viel Steinkohle (Heizwert: 30 kJ/g) liefert beim Verbrennen ebensoviel Energie?

★

A 256: Angenommen, man könnte schweren Wasserstoff zu Helium-4 fusionieren:

$$2 \cdot {}^{2}_{1}\mathrm{H} \rightarrow {}^{4}_{2}\mathrm{He}$$

Wie viel Mikrogramm müsste man so umsetzen, um 1 kWh Energie zu gewinnen?

A 258: Von einem anfangs ruhenden Uran-234-Kern spaltet sich ein Helium-4-Kern („Alpha-Teilchen“) ab. Von den dabei freiwerdenden 0,7898 pJ Energie übernimmt das α-Teilchen mit 0,7649 pJ den weitaus größten Teil, und zwar als kinetische Energie, so dass es mit circa 5% der Lichtgeschwindigkeit fortfliegt. Die restliche Energie wird im Wesentlichen in Form von γ-Strahlung abgegeben.

a) Wie viel Prozent der freiwerdenden Energie führt das α-Teilchen mit sich fort?

b) Berechne die mittlere Bindungsenergie der Nukleonen im verbleibenden Thorium-230-Kern!

A 260: Die beiden Wasserstoff-Nuklide H2 und H3 können gemäß der hier angegebenen Gleichung zu einem neuen chemischen Element fusionieren, wobei neben einer Energie von $2{,}8173 \cdot 10^{-12}$ J noch ein einzelnes Neutron freigesetzt wird.

$${}^{2}_{1}\mathrm{H} + {}^{3}\mathrm{H} \rightarrow {}^{4}_{z}\mathrm{Xy} + {}^{1}_{0}\mathrm{n}$$

a) Ersetze in der Gleichung die Variablen z und Xy durch die richtige Zahl bzw. Elementbezeichnung!

b) Wie hoch ist die mittlere Bindungsenergie eines Nukleons im entstehenden Element?

A 262: In ferner Zukunft wird unsere Sonne Energie wesentlich durch das „Heliumbrennen“ freisetzen. Dabei verschmelzen letzten Endes drei He4-Kerne (auch „Alphateilchen“ genannt) zu einem Kohlenstoff-Kern C12, weswegen der Prozess auch 3α-Prozess heißt. Wie viel Energie liefert dieser Prozess ...

a) ... pro C12-Atom? b) ... pro Mol C12? c) ... pro Gramm C12?

A 264: Sauerstoff-Atome können in Sonnen durch stufenweise Fusion von vier ${}^{4}_{2}\mathrm{He}$ -Kernen entstehen. Pro erzeugtem O16-Kern werden dabei $2{,}312 \cdot 10^{-12}$ J an Energie frei. Der zusätzliche Energieumsatz bei der späteren Bildung von Atomen und Molekülen aus diesen Kernen und Elektronen ist relativ klein und soll vernachlässigt werden. Deutschland hat im Jahre 2010 etwa so viel Primärenergie verbraucht, wie bei dieser Erzeugung von 160 t Sauerstoff frei wird. Wie viel Energie ist das?

A 266: Referiere über eines der folgenden Themen!

a) Alchemie des Mittelalters

b) Entwicklung von Sternen

c) Atomwaffen-Technik

d) Kernfusionsprojekte

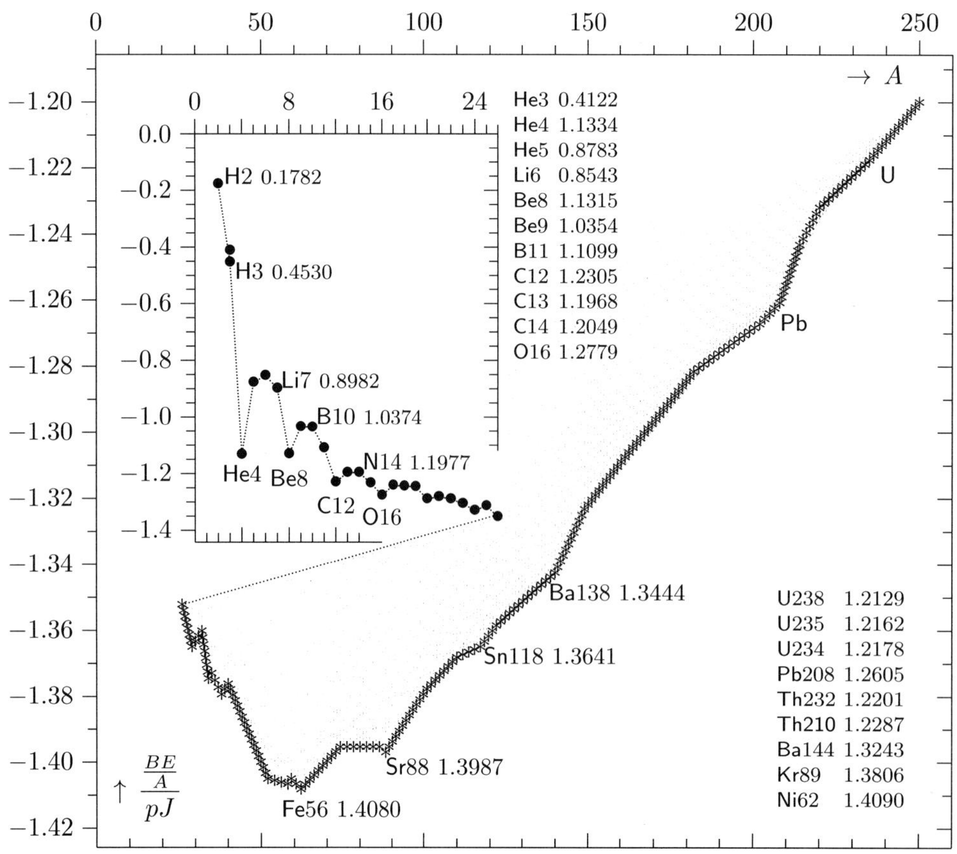

(R) Radioaktivität

alpha,beta,gamma

R 2: Fasse die Eigenschaften der drei behandelten Strahlungsarten in einer Tabelle zusammen!

R 4: Wie entsteht β^--Strahlung?

R 6:
Fragen über das Nuklid $^{215}_{84}\mathrm{Po}$

a) Welches Nuklid entsteht bei seinem Zerfall?

b) Welche Nuklide ergeben es bei ihrem Zerfall unmittelbar?

★

R 8: Einige Fragen über Platin-Nuklide

a) Welches Nuklid entsteht, wenn Pt170 α-zerfällt?

b) Welches Isotop entsteht, wenn Pt197 β^--zerfällt?

c) Durch welche Art von Zerfall kann aus Quecksilber-180 unmittelbar welches Platin-Nuklid entstehen?

★

R 10:
Fragen über das Nuklid $^{186}_{76}\mathrm{Os}$

a) Aus welchem Nuklid entsteht es durch β^--Zerfall?

b) Welches Nuklid entsteht durch α-Zerfall aus ihm?

★

R 12: Auf einer Nuklidkarte ist bei einigen Nukliden als Zerfallsart ein ϵ als Kürzel für „Elektroneneinfang" eingetragen. Welches Nuklid entsteht wohl, wenn sich ein Blei-205-Kern eines seiner Hüllenelektronen einverleibt? Hinweis: Elektroneneinfang findet bei vielen Nukliden als Alternative zu einem β^+-Zerfall statt.

★★

R 14: In welchem Wertebereich muss das Verhältnis von Protonen- zu Neutronenanzahl in einem Atomkern liegen, damit die Abspaltung eines Alphateilchens dieses Verhältnis näher an den Wert 2 : 3 bringt? Begründe mathematisch!

★

R 16: Ein radioaktives Präparat sende ein Gemisch aus Alpha-, Beta- und Gammastrahlung aus. Beschreibe in Worten oder in Form einer beschrifteten Zeichnung, wie man das Gemisch in seine einzelnen Komponenten auftrennen kann! Erläutere, auf welcher Eigenschaft der Strahlungsteilchen das Trenn-Verfahren beruht!

★

R 18: Drei radioaktive Präparate ①, ② und ③ senden jeweils eine der von uns besprochenen Strahlungsarten aus. In einem Versuchsaufbau wie hier skizziert wird die Strahlung aus ③ schon durch das Blatt Papier P abgeschirmt. Die Strahlung aus ② durchquert das Papier, wird aber im Magnetfeld M abgelenkt. Die Strahlung aus ① durchquert die ganze Anordnung nahezu ungehindert geradlinig.

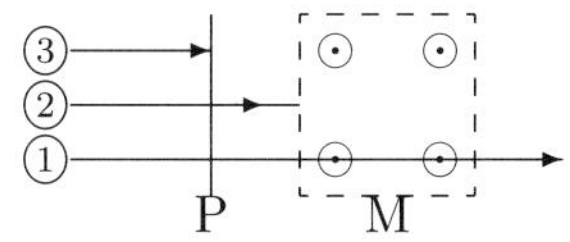

a) Welche Art von Strahlung senden die drei Präparate jeweils aus, und woraus besteht die Strahlung jeweils?

b) Ergänze im Bild einen möglichen weiteren Verlauf der Strahlung aus ②!

c) Wie könnte die Strahlung aus ① praktisch abgeschirmt werden?

★

R 20: Beschreibe, wie der Zerfall eines $^{233}\mathrm{Th}$ -Kerns abläuft!

Zerfallsreihen

R 80: Häufig entsteht bei einem radioaktiven Zerfall ein Nuklid, das ebenfalls instabil ist und zerfällt. Welche Nuklide entstehen der Reihe nach aus U235? (aus U238, Th232, Np237) (Die Isotope der Np237-Reihe sind alle relativ kurzlebig und daher in der Natur schon „ausgestorben".)

R 82: Welches Nuklid entsteht unmittelbar aus einem Thorium-233-Kern bei dessen Zerfall? Welches stabile Nuklid entsteht schließlich aus ihm?

R 84: Zerfallsreihen

a) Ergänze folgende Zerfallsreihe:

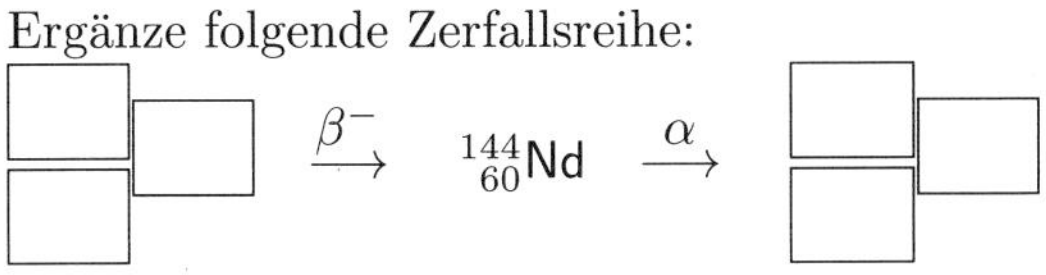

b) Schreibe in gleicher Weise die mit $^{215}_{84}\mathrm{Po}$ beginnende Zerfallsreihe bis zu deren Ende auf!

c) Welches Isotop entsteht, wenn ausgehend von $^{264}_{108}\mathrm{Hs}$ dreizehn α-Zerfälle hintereinander stattfinden?

R 86: Ergänze folgende Ketten von α- und β^--Zerfällen ohne eine Nuklidkarte zu benutzen!

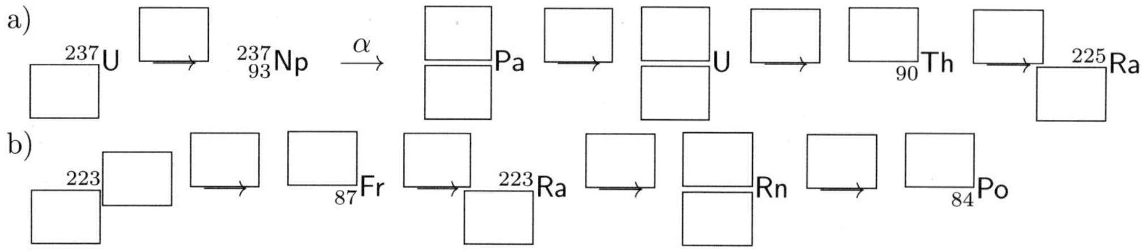

R 88:
wie Aufgabe R86

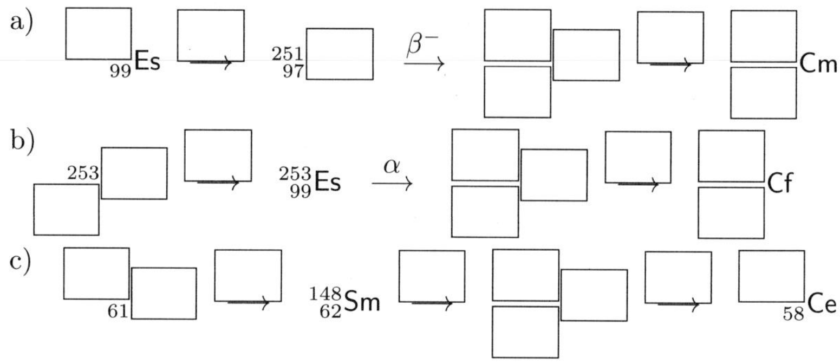

R 90: wie Aufgabe R86

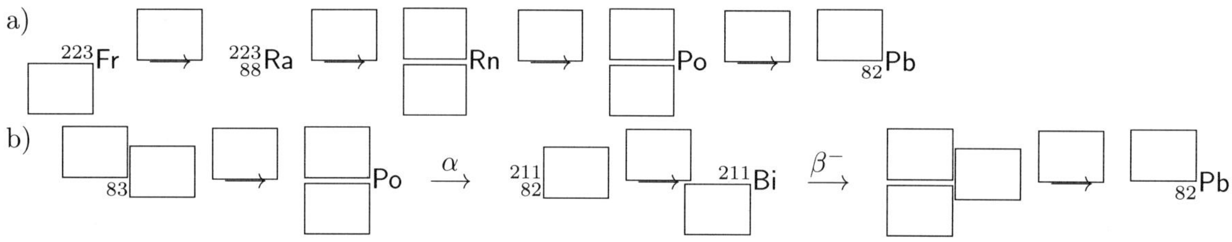

R 92: wie Aufgabe R86

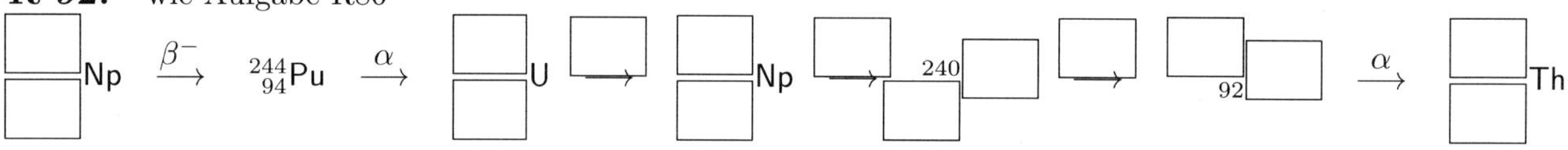

Aktivität

R 140: Die Strahlungs-Aktivität eines Menschen kann 10 kBq betragen. (davon jeweils 4 − 5 kBq alleine aus K40 und C14) Was bedeutet dies?

R 142: Welche durchschnittliche Aktivität hat eine Stoffprobe, in der innerhalb von $2\frac{1}{2}$ min drei Millionen Zerfälle stattfinden?

R 144: Beschreibe Zweck, Aufbau und Funktionsweise eines Geiger-Müller-Zählrohres!

R 146: Ein langlebiges radioaktives Präparat hat eine als konstant anzusehende Aktivität von 2400 Bq.

a) Wie viele Kerne zerfallen darin durchschnittlich pro Minute?

b) Wie lange dauert es etwa, bis 10000 Kerne zerfallen sind?

R 148: Ein Präparat enthalte zunächst 10^{10} Atome eines radioaktiven Isotopes, die dem Präparat eine Aktivität von 88 Bq verleihen.

a) Wie viele dieser Atome würdest Du nach einfacher Rechnung zwei Tage später noch im Präparat erwarten?

b) Warum sind tatsächlich etwas mehr zu erwarten?

R 150: Wie ändert sich die Zählrate eines GMZ, wenn man seinen Abstand zu einem radioaktiven Präparat verdreifacht? (ohne Berücksichtigung von Nullrate und Totzeiten)

★

R 152: Eine Probe aus 3 Pikogramm des Isotops ^{210}Rn hat eine Aktivität von 690 kBq.

a) Welche Aktivität haben 2 Pikogramm von diesem Isotop?

b) Wie viel von diesem Isotop braucht man für 1000 kBq Aktivität?

★★

R 154: Ein kurzlebiges Isotop K und ein langlebiges L haben die Halbwertszeiten T_K und $T_L = 100 \cdot T_K$.

a) Ergänze: Bei gleichen Stoffmengen von K und L ist die Aktivität von K ...

b) Ergänze: Um gleiche Aktivitäten zu haben benötigt man als Stoffmenge von K ...

★★

R 156: Ergänze: Eine Muttersubstanz M [?] mit [?] von $T_M = 1000$ Jahren zu einer [?] T, die ihrerseits mit $T_T = 1$ min Halbwertszeit weiterzerfällt. Wegen der [?] Halbwertszeit von M ist deren Stoffmenge in einem [?] für uns praktisch [?], und folglich auch ihre [?]. Ist die Aktivität der [?] kleiner, so zerfällt [?] Tochter- als [?]-substanz, es wird also [?] T [?] als zerfällt, so dass die Stoffmenge an [?] [?]. Ist die [?] von T [?] als [?], nimmt die Menge an T [?]. So stellt sich ein „radioaktives [?]“ mit genau so viel [?] ein, dass die [?] der beiden Stoffe [?]. Auf 10^{10} Kerne M kommen dann etwa [?] Kerne T.

~~~~~~~~ Zerfallsgesetz ~~~~~~~~

★

R 200: Eine kleine radioaktive Stoffprobe strahlt gleichmäßig in alle Richtungen. Ein GMZ wird mit seinem $2\,\text{cm}^2$ großen Fenster 5 cm von der Probe entfernt aufgestellt. Es zählt 2356 Strahlungsteilchen in 100 s.

a) Wie hoch ist die Aktivität der Probe mindestens, wenn keine Nullrate des GMZ berücksichtigt werden muss? Warum „mindestens“?

b) Welche Aktivität errechnet sich, wenn eine Nullrate von 45 Ereignissen pro Minute berücksichtigt wird?

R 202: Ein radioaktives Präparat enthält zu Beginn eines Versuches $3{,}2 \cdot 10^{21}$ Americium-244-Kerne, die mit einer Halbwertszeit von 660 min zerfallen. Wie viele Kerne ...

a) ... sind nach 660 min (330 min, 990 min) noch da?

b) ... zerfallen in den ersten 100 min?

c) Wie lange dauert es, bis nur noch 10^{21} Kerne da sind?

R 204: Wie lange dauert es, bis von a) $2 \cdot 10^{18}$ Ra222-Kernen b) 10 µg Ra222 nur noch die Hälfte (ein Viertel, ein Zehntel, ein Prozent) da ist?

★

R 206: Ein Physiker kauft heute ein Cäsium-137-Präparat, das eine Halbwertszeit von etwa 30 Jahren und aus dekorativen Gründen die Form eines Ikosaeders hat.

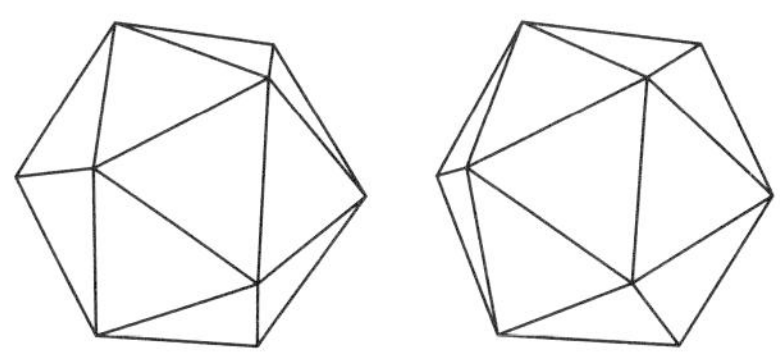

a) Wie viel Prozent des heute enthaltenen Cäsiums wird das Präparat in einem Monat (in einem Jahr, in 5 Jahren) noch enthalten?

b) Das Präparat wurde bereits 5 Jahre vor dem Verkauf hergestellt. Um wie viel Prozent des heutigen Wertes lag der Cäsium-Gehalt damals höher?

R 208: In einem $^{221}_{88}$Ra -Präparat sind nach 56 s bereits 75% von den anfänglich vorhandenen Kernen zerfallen. Bestimme aus diesen Angaben die Halbwertszeit dieses Nuklids!

★

R 210: Zerfällt in der ersten Hälfte einer Halbwertszeit eine halbe Hälfte der Ausgangsmenge oder mehr oder weniger?

★

R 212: In welchem Bruchteil seiner Halbwertszeit zerfallen von einer Probe eines radioaktiven Isotops die ersten zehn Prozent?

R 214: Wie viel Prozent der U238-Kerne, die bei der Entstehung der Erdoberfläche vor 3,8 Milliarden Jahren vorhanden waren, sind mittlerweile zerfallen?

R 216: Vom radioaktiven Isotop $^{210}_{90}$Th werde eine anfängliche Menge von 1,2 mol betrachtet. Wie viel Mol sind nach drei Halbwertszeiten noch da?

★

R 218: Was dauert beim selben Präparat länger: der Zerfall der ersten 11% oder der Zerfall der folgenden 10%? (Prozentsätze jeweils auf die Anfangsmenge bezogen)

★

R 220: Erstelle ein möglichst exaktes Diagramm, das den Zerfall einer Stoffmenge von 10^{20} Atomen mit einer Halbwertszeit von 10 min im Verlauf einer Stunde zeigt!

	A	B	C	D	E
1					
2					
3					
4					
5					

★

R 222: Nach 10 min ist von einem Stoff ein Drittel zerfallen.

a) Dauert der Zerfall eines weiteren Drittels der ursprünglichen Menge wieder 10 min oder kürzer oder länger?

b) Wie viel ist nach 20 min noch da?

c) Wie groß ist die Halbwertszeit?

★

R 224: Thorium-229 hat eine Halbwertszeit von 7880 Jahren.

a) Wie viele von 10^{23} Kernen überstehen die nächsten 30000 Jahre?

b) Wie lange dauert es, bis von einem Bestand 95% zerfallen sind?

c) Wie viele Zerfälle sind bei 10^{23} heutigen Kernen in den nächsten 10 Jahren zu erwarten?

★

R 226: Bestimme aus einer graphischen Darstellung folgender (idealisierter) Messwerte die Halbwertszeit des verwendeten Präparates! Die Messwerte seien bereits um die Nullrate bereinigt.

a)

t/s	10	20	30	40	50	60	70	80	90	100	110	120
A/Bq	8764	5000	2751	1495	863	487	281	149	99	43	27	17

b)

t/min	0	15	30	45	60	75	90	105	120	135	150
A/Bq	6400	4222	2786	1838	1213	800	528	348	230	152	100

c) Falls Du es für die beiden vorigen Aufgabenteile nicht sowieso schon gemacht hast: Trage die beiden Messwert-Reihen in folgendes Diagramm ein! Was fällt Dir auf?

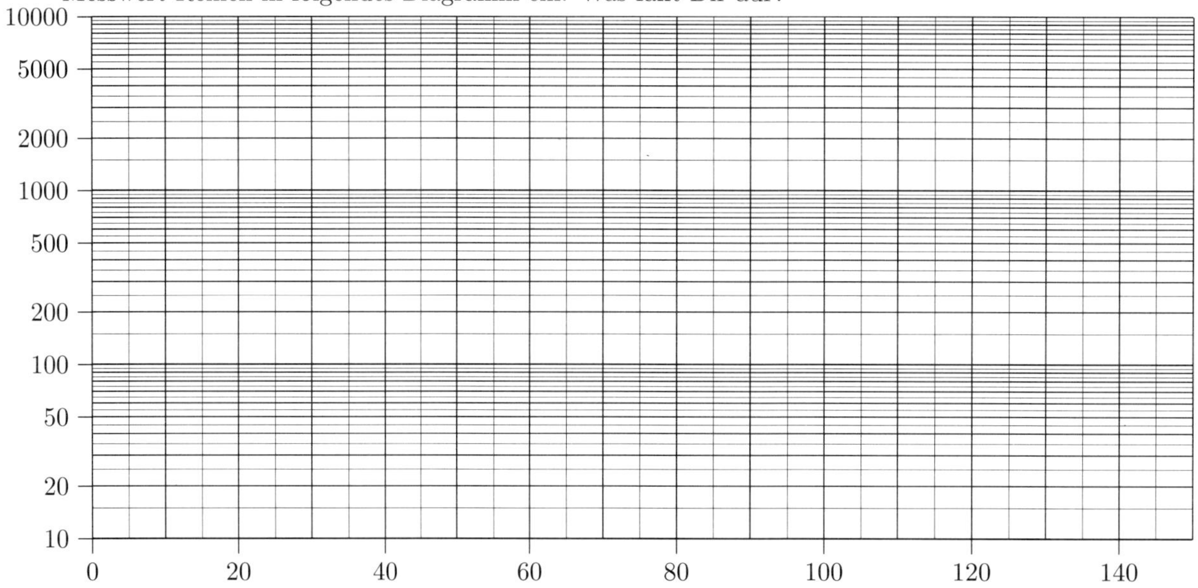

★★

R 228: Die Aktivität eines Steins nehme exponenziell innerhalb von 50 Tagen von 7 kBq auf 70 Bq ab. Wann betrug sie 700 Bq, wann 1400 Bq ? Du kannst das Koordinatensystem aus Aufgabe R226 verwenden.

R 230: Ein radioaktives Isotop habe eine Halbwertszeit von 777 Sekunden. Zu Beginn einer Messung seien 55 mmol davon vorhanden.

a) Wie viel davon ist nach 999 Sekunden noch da?

b) Wann sind nur noch 11 mmol da?

R 232: Wie lange dauert es, bis die Aktivität des Plutonium-239 in einer gelagerten Atombombe auf unter 1% ihres Anfangswertes gesunken ist?

★

R 234: Vom Sauerstoff-Isotop O20 zerfallen in zwei Sekunden knapp 10% einer Ausgangsmenge. Berechne daraus eine Abschätzung für die Halbwertszeit!

★

R 236: Welcher Bruchteil einer beliebigen Ausgangsmenge eines radioaktiven Isotops mit einer Halbwertszeit von 10 min zerfällt in einer Stunde?

R 238: Die Aktivität einer Probe des Isotops Iod-131 nimmt innerhalb von 72 Stunden von 18 kBq auf 13,89 kBq ab. Bestimme daraus die Halbwertszeit von I131!

★

R 240: Zur Demonstration des Zerfallsgesetzes wird die Strahlung eines Präparates untersucht, das anfänglich

a) ... 50 mg des Isotops $^{209}_{82}$Pb enthält. Wie viel davon ist nach neun Stunden zerfallen?

b) ... $3 \cdot 10^{20}$ Kerne des Isotops $^{218}_{85}$At enthält. Wie viel Kerne dieses Nuklids sind nach neun Sekunden noch vorhanden?

c) ... eine gewisse Menge des Isotops $^{212}_{86}$Rn enthält. Wie viel Prozent der Ausgangsmenge ist nach einer Stunde noch da?

★

R 242: Nach wie viel Prozent seiner Halbwertszeit sind von einem Cs125-Präparat 25% zerfallen?

★

R 244: Zu Beginn einer Untersuchung enthalte ein Gefäß $2{,}5 \cdot 10^{18}$ Atome des Edelgas-Isotops Radon-220.

a) Wie viele ^{220}Rn -Kerne überstehen die ersten drei Minuten ohne zu zerfallen?

b) Welcher Bruchteil einer beliebigen Ausgangsmenge des Isotops zerfällt innerhalb von drei Halbwertszeiten?

c) Welches Nuklid entsteht aus einem Rn220-Kern unmittelbar, und welches letzten Endes?

★

R 246: Ein radioaktives Isotop habe eine Halbwertszeit von einer Stunde. Man betrachte – zumindest in einem Gedankenexperiment – ein bestimmtes Atom dieser Art. Wie wahrscheinlich wird dieses Atom ...

a) ... innerhalb der nächsten Stunde zerfallen?

b) ... die nächsten zwei Stunden heil überstehen?

c) ... bereits in der nächsten halben Stunde zerfallen?

Altersbestimmung

R 300: Bei archäologischen Ausgrabungen findet man Knochenreste, die pro Gramm Kohlenstoff eine Aktivität von 11,3 Zerfällen pro Minute aufweisen. Wie alt sind die Knochen?

R 302: Auf welches Alter ist ein archäologisches Fundstück nach der C14-Methode zu datieren, wenn sein Kohlenstoff pro Gramm nur noch 10 Zerfälle pro Minute aufweist?

R 304: Jedes Gramm Kohlenstoff eines ausgegrabenen Holzüberrestes strahlt mit 36,93 mBq. Wie alt ist der Fund?

★

R 306: Wie viele Zerfälle pro Minute müsste man pro Gramm Kohlenstoff eines organischen Fundstückes messen, wenn das Stück aus der Zeit Christoph Columbus' (Karls des Großen, Konstantins des Großen, Alexanders des Großen, König Davids, König Cheops') stammt?

★

R 308: Für wissenschaftliche Berechnungen nimmt man für einen Menschen ein Gewicht von 70 kg an, wovon 65% Sauerstoff, 18% Kohlenstoff und 10% Wasserstoff sind. Wie aktiv strahlt der Kohlenstoff eines solchen Standardmenschen?

★

R 310: Erstelle eine Grafik, die für den Zeitraum von 12000 v.Chr. bis heute zeigt, welche Aktivität organische Fundstücke je nach ihrem Entstehungsjahr pro Gramm Kohlenstoff heute haben!

	A	B	C	D	E
1					
2					
3					
4					
5					

R 312: Familie Seltsam besitzt die nebenstehend abgebildete Holzfigur, die angeblich seit Jahrhunderten von Generation zu Generation weitervererbt wird. Ursprünglich soll sie während des Volkskreuzzuges im Jahre 1096 von einem Urahn der Seltsams auf einem türkischen Basar erstanden worden sein. Da sich kürzlich ein Splitter der Figur gelöst hat, nutzt Gustav Seltsam jetzt diese Gelegenheit und bestimmt das Alter des Splitters nach der Radiokarbon- (alias C14-) Methode. Gustav stellt fest, dass durchschnittlich pro Gramm Kohlenstoff des Splitters 12,74 Zerfälle pro Minute stattfinden. Zum Vergleich bestimmt er an frisch geschlagenem Holz eine Rate von 13,6 Zerfällen pro Minute und Gramm Kohlenstoff. Stehen diese Messungen in Einklang mit der angeblichen Herkunft der Figur?

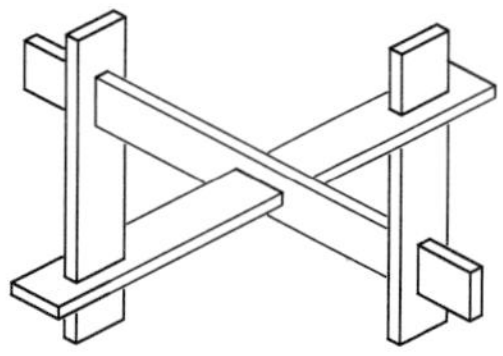

Dosimetrie

R 360: Was ist eine Äquivalentdosis?

R 362: Beim Röntgen der Lunge bekomme die 800 g schwere Lunge eines Patienten eine Äquivalentdosis von 0,2 mSv ab.

a) Welche Energiedosis war das? (in Gray und Rad)

b) Wie viel Energie wurde von der Lunge absorbiert?

c) Welche effektive Äquivalentdosis bekam der Patient?

R 364: Zur Aufnahme eines Lungenszintigramms bekommt ein Patient das γ-strahlende Technetium-99 zugeführt, das eine Halbwertszeit von 6 Stunden hat. Wie lange dauert es, bis die Aktivität der zugeführten Menge Technetiums unter 5% ihres Anfangswertes abgesunken ist?

R 366: Recherchiere: Was versteht man unter physikalischer, biologischer und effektiver Halbwertszeit?

R 368: Inwieweit stimmt es, dass durch Bestrahlung mit geringer Dosis auch nur geringfügige Krebserkrankungen und geringe sonstige Gesundheitsschäden hervorgerufen werden können?

R 370: Beantworte kurz! (pro Frage ein Satz)

a) Worin besteht allgemein die primäre Wirkung von Strahlung aus radioaktiven Stoffen beim Auftreffen auf Materie?

b) Warum genügt es zur Abschätzung der Schädlichkeit einer Strahlung für einen lebenden Organismus nicht, die Energiedosis anzugeben?

c) Strahlung kann unter anderem Übelkeit und Krebs auslösen. Bei welcher dieser Schädigungen hängt ihre Schwere wesentlich von der Strahlungsdosis ab? Welchen Einfluss hat die Dosis bei der anderen?

Kritikalität

R 420: Um wie viel Prozent wächst eine Kernspaltungsrate bei einer Kritikalität von 1,05 innerhalb von 10 Generationen?

R 422: Bei einer Kettenreaktion beträgt die Kritikalität 1,01. Wie viele Generationen dauert es, bis sich die Reaktionsrate verzehnfacht hat?

R 426: Geht man an diesem Bäumchen vom Fuße des Stamms bis zu einer Spitze eines Zweiges, so passiert man acht Gabelungen. Wie viele Zweigspitzen hat das Bäumchen?

R 424: Wie groß darf der Multiplikationsfaktor einer Kettenreaktion höchstens sein, damit sich die Reaktionsrate nach 50 Generationen höchstens verdoppelt?

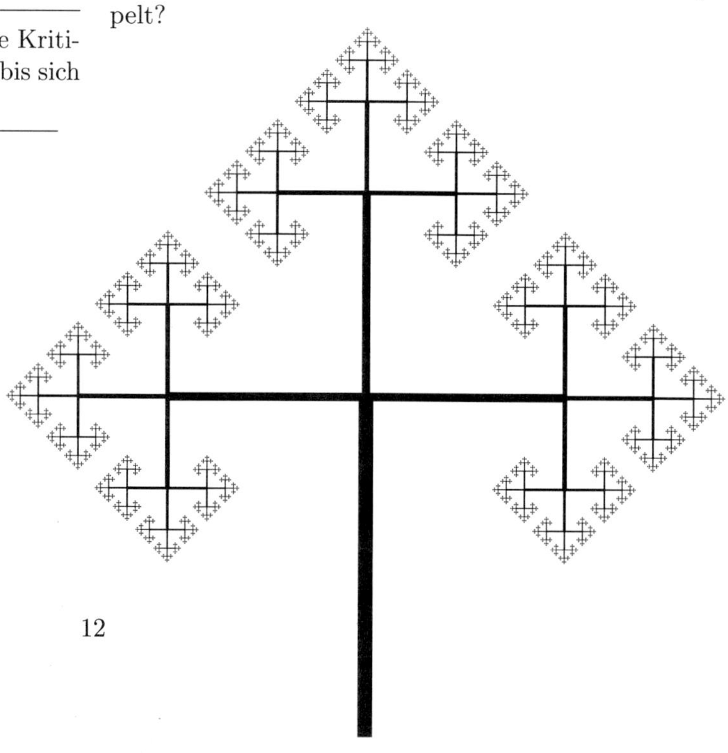

R 480: Beantworte folgende Fragen zu Kernkraftwerken in jeweils maximal drei Sätzen!
a) Wie läuft die Kettenreaktion ab, die ein Kernkraftwerk nutzt?
b) Was versteht man unter der Kritikalität?
c) Welche Aufgabe hat ein Moderator im Reaktor?

R 482: Beantworte folgende Fragen zu Kernkraftwerken in jeweils maximal drei Sätzen!
a) Welche Funktionen hat das Wasser in einem Kernreaktor?
b) Erläutere, ob *Brenn*stäbe ver*brennen*!
c) Wozu dienen die Steuerstäbe zwischen den Brennstäben?

R 484: Beantworte folgende Fragen zu Kernkraftwerken in jeweils maximal drei Sätzen!
a) Woher stammen die meisten Neutronen, die in einem Kernreaktor Spaltungen auslösen?
b) Durch welche Maßnahme kann man im regulären Betrieb eines Kernreaktors die Kritikalität senken?
c) Warum würde es in einem Druckwasserreaktor kaum noch zu Spaltungen kommen, wenn man das Wasser abließe?

R 486: Beantworte folgende Fragen zu Kernkraftwerken in jeweils maximal drei Sätzen!
a) Welche besondere Rolle spielen die Neutronen in einem Kernreaktor?
b) Zu welchem Zweck macht ein Reaktor Wasser heiß?
c) Wozu ist das Isotopenverhältnis zwischen U235 und U238 in einem Brennstab anders als in natürlich vorkommendem Uranerz?

R 488: Wie entsteht in einem Druckwasserreaktor Plutonium?

R 490: In einem Druck- oder Siedewasserreaktor werde das Wasser abgelassen. Wieso hört damit die Kettenreaktion in den Brennelementen auf? Wieso muss der Reaktor dennoch weiter gekühlt werden?

★

R 492: Berechne, bei welchem Durchmesser eine Kugel aus $^{239}\mathsf{Pu}$ (Dichte: $19{,}4\frac{\mathrm{g}}{\mathrm{cm}^3}$) kritische Masse hat!

R 494: Referiere über eines der folgenden Themen!

a) Uran-Bergbau
b) Wiederaufbereitung
c) Schnelle Brüter
d) Tschernobyl
e) Fukushima
f) andere Unfälle
g) Kernkraftwerke in Deutschland
h) Kernkraftwerke sonstwo
i) Entsorgung radioaktiven Mülls

★

R 496: Innerhalb des Reaktors kann ein Neutron auf verschiedene andere Teilchen treffen, von denen hier ein Wasserstoffkern, ein Uran-238- und ein Uran-235-Kern betrachtet werden sollen. Beschreibe für jeden dieser drei Stoßpartner kurz, welche für den Betrieb des Reaktors bedeutsame Folge das Zusammentreffen haben kann!

★

R 498: Welches Nuklid entsteht hier: $^{235}_{92}\mathsf{U} + {}^{1}_{0}\mathsf{n} \rightarrow {}^{144}_{54}\mathsf{Xe} + {}^{?}_{?}? + 2\cdot {}^{1}_{0}\mathsf{n}$

★

R 500: In einem Druckwasserreaktor werde ein $^{235}_{92}\mathsf{U}$ -Kern durch ein Neutron in einen Cäsium- und einen Rubidium-Kern gespalten gemäß:

$$^{235}_{92}\mathsf{U} + {}^{1}_{0}\mathsf{n} \rightarrow {}^{137}_{55}\mathsf{Cs} + {}^{96}_{37}\mathsf{Rb} + \nu\cdot {}^{1}_{0}\mathsf{n}$$

a) Wird bei dieser Spaltung Energie frei oder wird dafür Energie benötigt?
b) Berechne die Anzahl ν der Neutronen, die bei der Spaltung freigesetzt werden!

Nuklidkarte: Vereinfachter Auszug

(mit Daten aus der Karlsruher Nuklidkarte 1998)

Z	Nuklid	Halbwertszeit / Häufigkeit	Zerfall
	Am232	1,31m	ϵ
	Am234	2,32m	ϵ
	Am235	15m	ϵ
	Am236	4,4m	ϵ
	Am237	73,0m	ϵ
	Am238	1,63h	ϵ
	Am239	11,9h	ϵ
	Am240	50,8h	ϵ
	Am241	432,2a	α
	Am242	16h	$\beta^- \epsilon$
	Am243	7370a	α
	Am244	10,1h	β^-
	Am245	2,05h	β^-
	Am246	39m	β^-
	Am247	22m	β^-
	Pu228		α
	Pu229		α
	Pu230		α
	Pu231	8,6m	$\alpha\epsilon$
	Pu232	34,1m	$\alpha\epsilon$
	Pu233	20,9m	ϵ
	Pu234	8,8h	$\alpha\epsilon$
	Pu235	25,3m	ϵ
	Pu236	2,858a	α
	Pu237	45,2d	ϵ
	Pu238	87,74a	α
	Pu239	24110a	α
	Pu240	6563a	α
	Pu241	14,35a	β^-
	Pu242	3,75↑5a	α
	Pu243	4,956h	β^-
	Pu244	8,00↑7a	α
	Pu245	10,5h	β^-
	Pu246	10,85d	β^-
93	Np225		α
93	Np226	31ms	α
93	Np227	0,51s	α
93	Np228	61,4s	$\alpha\epsilon$
93	Np229	4,0m	$\alpha\epsilon$
93	Np230	4,6m	ϵ
93	Np231	48,8m	ϵ
93	Np232	14,7m	ϵ
93	Np233	36,2m	ϵ
93	Np234	4,4d	ϵ
93	Np235	396,1d	ϵ
93	Np236	1,54↑5a	$\beta^- \epsilon$
93	Np237	2,14↑6a	α
93	Np238	2,117d	β^-
93	Np239	2,355d	β^-
93	Np240	65m	β^-
93	Np241	13,9m	β^-
93	Np242	5,5m	β^-
93	Np243	1,85m	β^-
93	Np244	2,29m	β^-
92	U218	1,5ms	α
92	U219	42μs	α
92	U222	1μs	α
92	U223	18μs	α
92	U224	0,7ms	α
92	U225	95ms	α
92	U226	0,2s	α
92	U227	1,1m	α
92	U228	9,1m	$\alpha\epsilon$
92	U229	58m	$\alpha\epsilon$
92	U230	20,8d	α
92	U231	4,2d	ϵ
92	U232	68,9a	α
92	U233	1,59↑5a	α
92	U234	2,46↑5a	α
92	U235	7,14↑8a	α
92	U236	2,34↑7a	α
92	U237	6,75d	β^-
92	U238	4,47↑9a	α
92	U239	23,5m	β^-
92	U240	14,1h	β^-
92	U242	16,8m	β^-
91	Pa212	5,1ms	α
91	Pa213	5,3ms	α
91	Pa214	17ms	α
91	Pa215	14ms	α
91	Pa216	0,2s	α
91	Pa217	4,9ms	α
91	Pa218	0,12ms	α
91	Pa219	53ns	α
91	Pa220	0,78μs	α
91	Pa221	5,9μs	α
91	Pa222	4,3ms	α
91	Pa223	6,5ms	α
91	Pa224	0,95s	α
91	Pa225	1,8s	α
91	Pa226	1,8m	$\alpha\epsilon$
91	Pa227	38,3m	$\alpha\epsilon$
91	Pa228	22h	ϵ
91	Pa229	1,50d	ϵ
91	Pa230	17,4d	$\beta^- \epsilon$
91	Pa231	32760a	α
91	Pa232	1,31d	β^-
91	Pa233	27,0d	β^-
91	Pa234	6,70h	β^-
91	Pa235	24,2m	β^-
91	Pa236	9,1m	β^-
91	Pa237	8,7m	β^-
91	Pa238	2,3m	β^-
90	Th211	37ms	α
90	Th212	30ms	α
90	Th213	0,14s	α
90	Th214	0,10s	α
90	Th215	1,2s	α
90	Th216	28ms	α
90	Th217	252μs	α
90	Th218	0,1μs	α
90	Th219	1,05μs	α
90	Th220	9,7μs	α
90	Th221	1,68ms	α
90	Th222	2,2ms	α
90	Th223	0,66s	α
90	Th224	1,04s	α
90	Th225	8,72m	$\alpha\epsilon$
90	Th226	31m	α
90	Th227	18,72d	α
90	Th228	1,913a	α
90	Th229	7880a	α
90	Th230	75400a	α
90	Th231	25,5h	β^-
90	Th232	1,4↑10a	α
90	Th233	22,3m	β^-
90	Th234	24,10d	β^-
90	Th235	7,1m	β^-
90	Th236	37,5m	β^-
90	Th237	5,0m	β^-
89	Ac210	0,35s	α
89	Ac211	0,25s	α
89	Ac212	0,93s	α
89	Ac213	0,80s	α
89	Ac214	8,2s	$\alpha\epsilon$
89	Ac215	0,17s	α
89	Ac216	0,33ms	α
89	Ac217	69ns	α
89	Ac218	1,1μs	α
89	Ac219	11,8μs	α
89	Ac220	26ms	α
89	Ac221	52ms	α
89	Ac222	5,0s	α
89	Ac223	2,10m	α
89	Ac224	2,9h	$\alpha\epsilon$
89	Ac225	10,0d	α
89	Ac226	29h	$\beta^- \epsilon$
89	Ac227	21,773a	β^-
89	Ac228	6,13h	β^-
89	Ac229	62,7m	β^-
89	Ac230	122s	β^-
89	Ac231	7,5m	β^-
89	Ac232	119s	β^-
89	Ac233	145s	β^-
89	Ac234	44s	β^-
88	Ra209	4,6s	α
88	Ra210	3,7s	α
88	Ra211	13s	$\alpha\epsilon$
88	Ra212	13s	$\alpha\epsilon$
88	Ra213	2,74m	$\alpha\epsilon$
88	Ra214	2,46s	α
88	Ra215	1,6ms	α
88	Ra216	0,18μs	α
88	Ra217	1,6μs	α
88	Ra218	25,6μs	α
88	Ra219	10ms	α
88	Ra220	23ms	α
88	Ra221	28s	α
88	Ra222	38s	α
88	Ra223	11,43d	α
88	Ra224	3,66d	α
88	Ra225	14,8d	β^-
88	Ra226	1600a	α
88	Ra227	42,2m	β^-
88	Ra228	5,75a	β^-
88	Ra229	4,0m	β^-
88	Ra230	93m	β^-
88	Ra231	103s	β^-
88	Ra232	4,2m	β^-
88	Ra233	30s	β^-
88	Ra234	30s	β^-
87	Fr208	58,6s	$\alpha\epsilon$
87	Fr209	50,0s	$\alpha\epsilon$
87	Fr210	3,18m	$\alpha\epsilon$
87	Fr211	3,10m	$\alpha\epsilon$
87	Fr212	20,0m	$\alpha\epsilon$
87	Fr213	34,6s	α
87	Fr214	5,0ms	α
87	Fr215	0,09μs	α
87	Fr216	0,70μs	α
87	Fr217	16μs	α
87	Fr218	1,0μs	α
87	Fr219	21ms	α
87	Fr220	27,4s	α
87	Fr221	4,9m	α
87	Fr222	14,2m	β^-
87	Fr223	21,8m	β^-
87	Fr224	3,3m	β^-
87	Fr225	4,0m	β^-
87	Fr226	48s	β^-
87	Fr227	2,47m	β^-
87	Fr228	39s	β^-
87	Fr229	50,2s	β^-
87	Fr230	19,1s	β^-
87	Fr231	17,5s	β^-
87	Fr232	5s	β^-
86	Rn207	9,3m	$\alpha\beta^+$
86	Rn208	24,2m	$\alpha\epsilon$
86	Rn209	28,5m	$\alpha\beta^+$
86	Rn210	2,4h	α
86	Rn211	14,6h	$\alpha\epsilon$
86	Rn212	24m	α
86	Rn213	25ms	α
86	Rn214	0,27μs	α
86	Rn215	2,3μs	α
86	Rn216	45μs	α
86	Rn217	0,54ms	α
86	Rn218	35ms	α
86	Rn219	3,96s	α
86	Rn220	55,6s	α
86	Rn221	25m	$\alpha\beta^-$
86	Rn222	3,825d	α
86	Rn223	23,2m	β^-
86	Rn224	1,78h	β^-
86	Rn225	4,5m	β^-
86	Rn226	7,4m	β^-
86	Rn227	22,5s	β^-
86	Rn228	65s	β^-
85	At206	29,4m	$\beta^+\epsilon$
85	At207	1,8h	$\alpha\beta^+$
85	At208	1,63h	ϵ
85	At209	5,4h	ϵ
85	At210	8,3h	ϵ
85	At211	7,22h	$\alpha\epsilon$
85	At212	314ms	α
85	At213	0,11μs	α
85	At214	0,56μs	α
85	At215	0,1ms	α
85	At216	0,3ms	α
85	At217	32,3ms	α
85	At218	2s	α
85	At219	0,9m	α
85	At220	3,71m	$\alpha\beta^-$
85	At221	2,3m	β^-
85	At222	54s	β^-
85	At223	50s	β^-
84	Po205	1,66h	$\beta^+\epsilon$
84	Po206	8,8d	$\alpha\epsilon$
84	Po207	5,84h	$\beta^+\epsilon$
84	Po208	2,898a	α
84	Po209	102a	α
84	Po210	138,38d	α
84	Po211	0,516s	α
84	Po212	0,3μs	α
84	Po213	4,3μs	α
84	Po214	164μs	α
84	Po215	1,78ms	α
84	Po216	0,15s	α
84	Po217	<10s	α
84	Po218	3,05m	α
84	Po219		β^-
84	Po220		β^-
83	Bi204	11,22h	ϵ
83	Bi205	15,31d	$\beta^+\epsilon$
83	Bi206	6,24d	$\beta^+\epsilon$
83	Bi207	31,55a	$\beta^+\epsilon$
83	Bi208	3,68↑5a	ϵ
83	Bi209	100	
83	Bi210	5,013d	β^-
83	Bi211	2,17m	α
83	Bi212	60,60m	$\alpha\beta^-$
83	Bi213	45,59m	β^-
83	Bi214	19,9m	β^-
83	Bi215	7,6m	β^-
83	Bi216	3,6m	β^-
83	Bi217		β^-
83	Bi218		β^-
82	Pb203	51,9h	ϵ
82	Pb204	1,4	
82	Pb205	1,5↑7a	ϵ
82	Pb206	24,1	
82	Pb207	22,1	
82	Pb208	52,4	
82	Pb209	3,253h	β^-
82	Pb210	22,3a	β^-
82	Pb211	36,1m	β^-
82	Pb212	10,64h	β^-
82	Pb213	10,2m	β^-
82	Pb214	26,8m	β^-
81	Tl202	12,23d	ϵ
81	Tl203	29,524	
81	Tl204	3,78a	β^-
81	Tl205	70,476	
81	Tl206	4,2m	β^-
81	Tl207	4,77m	β^-
81	Tl208	3,053m	β^-
81	Tl209	2,16m	β^-
81	Tl210	1,30m	β^-
81	Tl211		β^-
81	Tl212		β^-
80	Hg201	13,18	
80	Hg202	29,86	
80	Hg203	46,59d	β^-
80	Hg204	6,87	
80	Hg205	5,2m	β^-
80	Hg206	8,15m	β^-
80	Hg207	2,9m	β^-
80	Hg208	42m	β^-
80	Hg209	35s	β^-
80	Hg210		β^-
79	Au200	48,4m	β^-
79	Au201	26,4m	β^-
79	Au202	28s	β^-
79	Au203	60s	β^-
79	Au204	39,8s	β^-
79	Au205	31s	β^-
78	Pt199	30,8m	β^-
78	Pt200	12,5h	β^-
78	Pt201	2,5m	β^-
78	Pt202	43,6h	β^-
	F15		
	F16		
	F17	64,8s	β^+
	F18	109,7	β^+
	F19	100	
	F20	11,0s	β^-
	F21	4,16s	β^-
	F22	4,23s	β^-
	F23	2,23s	β^-
	F24	0,34s	β^-
	F25	59ms	β^-
	F26		β^-
8	O12		
8	O13	8,58ms	β^+
8	O14	70,59s	β^+
8	O15	2,03m	β^+
8	O16	99,762	
8	O17	0,038	
8	O18	0,200	
8	O19	27,1s	β^-
8	O20	13,5s	β^-
8	O21	3,4s	β^-
8	O22	2,25s	β^-
8	O23	82ms	β^-
8	O24	61ms	β^-
7	N11		
7	N12	11,0ms	β^+
7	N13	9,96m	β^+
7	N14	99,634	
7	N15	0,366	
7	N16	7,13s	β^-
7	N17	4,17s	β^-
7	N18	0,63s	β^-
7	N19	329ms	β^-
7	N20	142ms	β^-
7	N21	95ms	β^-
7	N22	24ms	β^-
7	N23		β^-
6	C8		
6	C9	127ms	β^+
6	C10	19,3s	β^+
6	C11	20,38m	β^+
6	C12	98,90	
6	C13	1,10	
6	C14	5730a	β^-
6	C15	2,45s	β^-
6	C16	0,747s	β^-
6	C17	193ms	β^-
6	C18	92ms	β^-
6	C19	49ms	β^-
6	C20	14ms	β^-
6	C22		
5	B7		
5	B8	770ms	β^+
5	B9		
5	B10	19,9	
5	B11	80,1	
5	B12	20,2ms	β^-
5	B13	17,3ms	β^-
5	B14	13,8ms	β^-
5	B15	10,4ms	β^-
5	B17	5,1ms	β^-
5	B19		
4	Be6		
4	Be7	53,29d	ϵ
4	Be8		
4	Be9	100	
4	Be10	1,6↑6a	β^-
4	Be11	13,8s	β^-
4	Be12	23,6ms	β^-
4	Be14	4,35ms	β^-
3	Li5		
3	Li6	7,5	
3	Li7	92,5	
3	Li8	840ms	β^-
3	Li9	178ms	β^-
3	Li10		
3	Li11	8,5ms	β^-
2	He3	0,0001	
2	He4	99,9999	
2	He5		
2	He6	807ms	β^-
2	He7		
2	He8	119ms	β^-
2	He9		
1	H1	99,985	
1	H2	0,015	
1	H3	12,323a	β^-
0	n1	10,25m	β^-

Bewegungslehre

(B) Lineare Bewegung

Geschwindigkeit

B 2: Ein Motorboot fährt mit $80\frac{\text{km}}{\text{h}}$ über einen See. Beantworte mit ausführlichem Rechenweg!

a) Wie weit kommt es in 15 min ?

b) Wie lange dauert es, bis es 100 km zurückgelegt hat?

B 4: Hannes hat es von Hause 8,1 km bis zu seiner Freundin.

a) Wie lange braucht er für diesen Weg, wenn er $18\frac{\text{km}}{\text{h}}$ schnell radelt?

b) Wie schnell muss er durchschnittlich radeln, um in einer Viertelstunde bei ihr zu sein? (in km/h und in m/s)

B 6: Aus dem Tierreich

a) Wie weit kommt ein Pferd, wenn es 20 min lang mit $42\frac{\text{km}}{\text{h}}$ läuft?

b) Ein gut trainierter Gepard kann $120\frac{\text{km}}{\text{h}}$ schnell laufen, diese Geschwindigkeit allerdings nur 400 m weit durchhalten. Wie lange dauert ein solcher Sprint?

B 8: Gustav will etwas für seine körperliche Kondition tun, nämlich täglich eine halbe Stunde laufen.

a) Wie schnell müsste er laufen, um in dieser Zeit einen 6,5 km langen Rundweg zu schaffen? (in km/h und in m/s)

b) Tatsächlich schafft er am ersten Tag nur eine mittlere Geschwindigkeit von $9\frac{1}{2}\frac{\text{km}}{\text{h}}$. Wie viel von obigem Rundweg schafft er damit in der geplanten Zeit nicht?

B 10: Aus der Geologie: Aufgrund der Plattentektonik nähern sich Afrika und Europa pro Jahr um etwa einen Zentimeter einander an. Wie viele Mikrometer pro Schulstunde wären das?

★

B 12: Eine gut trainierte Wettkampf-Schnecke kann in einem Rennen mit konstanter Geschwindigkeit von $2\frac{\text{mm}}{\text{s}}$ dahinschleimen. Eine gewöhnliche Weinbergschnecke kommt auf $0{,}5\frac{\text{mm}}{\text{s}}$.

a) Wie weit kommt die Wettkampf-Schnecke in 10 Minuten?

b) Wie lange braucht sie, um eine gewöhnliche Weinbergschnecke mit einem Vorsprung von $4\frac{1}{2}$ cm einzuholen?

★

B 14: Aus der Märchenwelt: Peterchens Mondfahrt soll höchstens sechs Stunden dauern. In den ersten $2\frac{1}{2}$ Stunden reist Peterchen mit einer mittleren Geschwindigkeit von $780\frac{\text{km}}{\text{min}}$. Wie schnell muss er den Rest der 380 000 km langen Strecke durchfliegen?

B 16: Aus der Meteorologie:

a) Für Interessierte SchülerInnen folgende vertiefte Information nebenbei:

> Zur Beschreibung von Windgeschwindigkeiten wird häufig die Beaufort-Skala verwendet, gemäß der bestimmte aufeinanderfolgende Wertebereiche der Geschwindigkeit mit einer als „Windstärke" bezeichneten Zahl durchnummeriert sind. Die zu einer Geschwindigkeit v gehörende Windstärke B errechnet sich als gerundeter Wert des Terms: $\sqrt[3]{\left(v/0{,}836\frac{\text{m}}{\text{s}}\right)^2}$

Winde der Windstärke 9 werden Stürme genannt, wobei Windstärke 9 gemäß der angegebenen Formel eine Mindest-Windgeschwindigkeit von $20{,}8\frac{\text{m}}{\text{s}}$ bedeutet. Wie viele Kilometer legt die Luft bei einem Sturm während einer Viertelstunde mindestens zurück?

b) Wie lange braucht ein $4{,}4\frac{\text{m}}{\text{s}}$ schnell fallendes Regentröpfchen, um 880 m tief zu fallen?

★★

B 18: Wie lange braucht Friedrich für seinen 8,4 km langen Jogging-Parcours, wenn gilt:

a) Wäre der Parcours 1 km kürzer, wäre Fridrich 5 min früher am Ziel.

b) Liefe er $1\frac{\text{km}}{\text{h}}$ schneller, wäre er 2 min 24 s früher am Ziel.

B 20: Aus der Luftfahrt: Die Geschwindigkeit von Überschall-Flugzeugen wird gerne durch die Mach-Zahl beschrieben. Die Mach-Zahl gibt dann an, wie viel mal schneller als Schall das Flugzeug fliegt. Zum Beispiel kann man für das wohl bekannteste Überschall-Flugzeug, die Concorde, eine Mach-Zahl von 2,23 als erreichte Geschwindigkeit finden.

a) Heini findet in seinem Physik-Buch den Wert $343\frac{\text{m}}{\text{s}}$ als Schallgeschwindigkeit. Wie viel km/h errechnet Heini für die Concorde aus diesen Daten?

b) Tatsächlich war die Concorde niemals so schnell. Die angegebene Mach-Zahl wurde schon mit $2405\frac{\text{km}}{\text{h}}$ in 18 km Höhe erreicht, wo die Luft (mit Werten um $-50\,°\text{C}$) deutlich kälter und Schall daher deutlich langsamer ist als im Alltag. Wie schnell ist der Schall bei dieser Kälte?

$s(t)$-Diagramme

B 80: Dieses Diagramm zeigt Messwerte der Bewegung eines Radrennfahrers, der sich für einen tollen Start ziemlich verausgabt und anschließend nur noch im Schongang fahren kann.

a) Wie schnell fährt der Radfahrer in den ersten 3 Minuten?

b) Wie schnell fährt der Radfahrer in den folgenden 5 Minuten?

c) Stelle im Diagramm die gleichförmige Bewegung dar, mit der der Radfahrer in den ersten 8 Minuten genauso weit käme!

d) Welche Geschwindigkeit hätte der Radfahrer bei dieser gleichförmigen Bewegung?

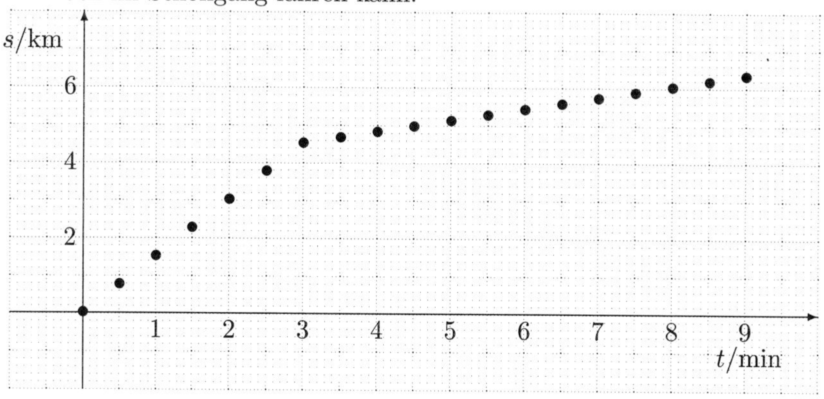

B 82: Ein 800 m langes Förderband befördert mit $4\frac{\text{m}}{\text{s}}$ Kohle von einem Hafen zu einer Hochofenanlage. Zwecks Aufgabenstellung befindet sich ein markiertes Stück Kohle gerade 120 m hinter dem Hafen.

a) Wo befindet sich das gute Stück eine Minute später?

b) Wann erreicht es das Ende des Bandes?

c) Zeichne ein passendes $s(t)$-Diagramm!

B 84: Die nebenstehende Bildergeschichte zeigt, wie Robert Riese mit seinem rasanten Flitzer aus seiner Garage rast. Zwischen den Bildern liegen jeweils 0,1 s. Die Markierungen an der Straße sind jeweils 40 cm voneinander entfernt.

a) Zeichne ein entsprechendes t-s-Diagramm für die Bewegung der Hinterachse! Der Zeitnullpunkt soll beim ersten Bild liegen. Die s-Achse soll ihren Nullpunkt am Garagentor haben und nach draußen weisen.

b) Welche Geschwindigkeit hat Robert zwischen dem zweiten und dem sechsten Bild, welche am Ende der Bilderserie?

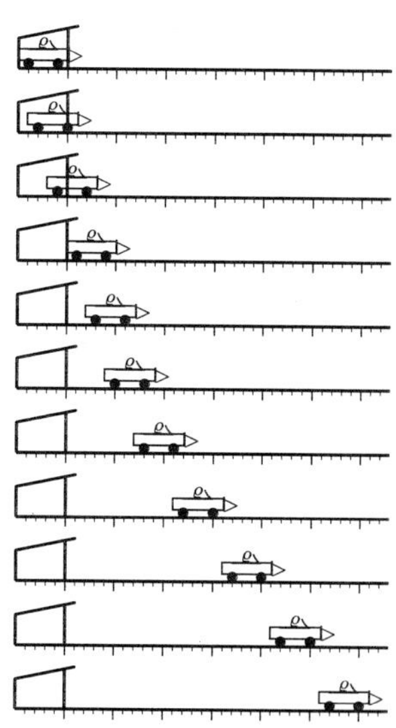

B 86: Welche Information über eine Bewegung liest man aus ihrem $s(t)$-Graphen ab, …

a) …, wenn der Graph steigt? Welche, wenn er fällt?

b) …, wenn der Graph steigt und nach oben gebogen ist?

c) …, wenn der Graph waagerecht verläuft?

d) …, wenn der Graph einen Tiefpunkt hat?

B 88: Ein Glühwürmchen befinde sich zwischen zwei parallelen Glasscheiben, so dass es praktisch nur in der Ebene dazwischen fliegen könne. Es werde dabei vor schwarzem Hintergrund fotografiert, indem dieselbe feststehende Fotoplatte in gleichbleibenden Zeitabständen immer wieder ganz kurz belichtet werde. Die („stroboskopische") Aufnahme sei hier abgebildet.

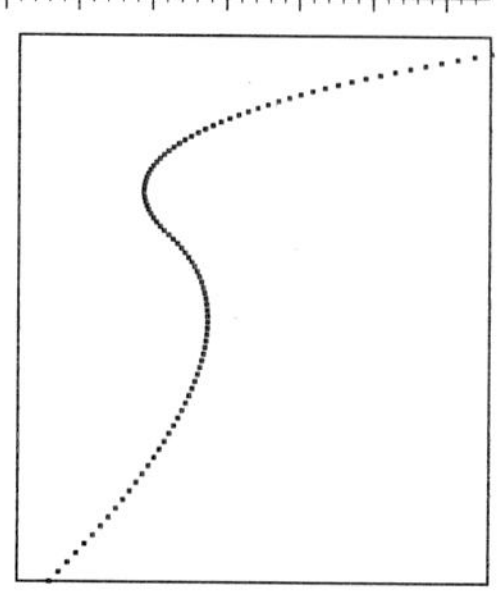

a) Erkläre die unterschiedliche Dichte der aufgenommenen Punkte!

b) Skizziere ein passendes $s(t)$-Diagramm!

B 90: Per Beamer wird die Bildschirm-Ausgabe eines Computers auf eine riesige Leinwand projiziert. Es läuft gerade eine spannende Städtebau-Simulation. Das folgende Diagramm beschreibt, wie darin eine Straßenbahn von links unten nach rechts oben entlang der Diagonalen als s-Achse durch das Bild fährt.

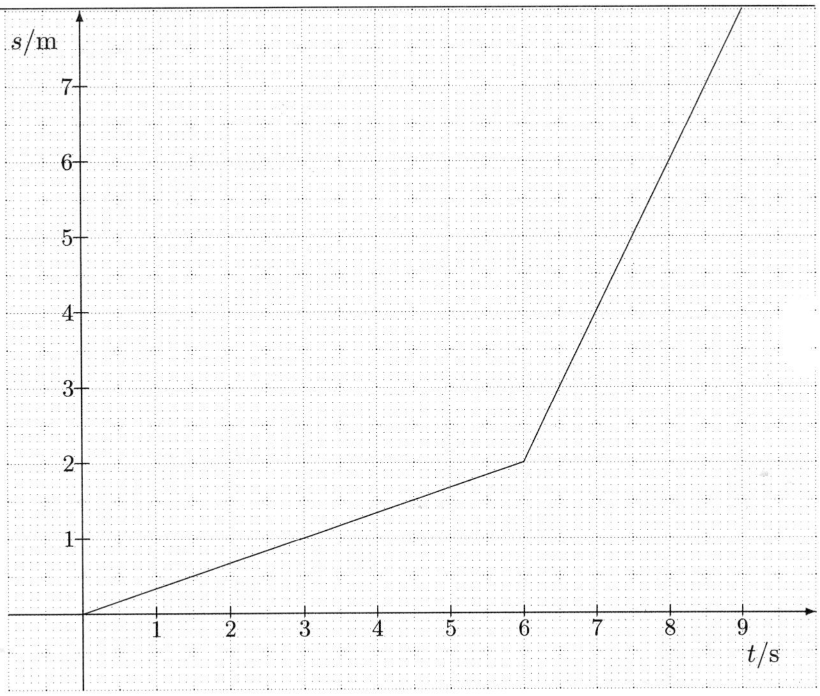

a) Wo wird die Straßenbahn zur Zeit $t_a = 3\,\mathrm{s}$ angezeigt?

b) Wann erreicht „sie“ (– eigentlich: ihr Bild –) die Position $s_b = 5\,\mathrm{m}$?

c) Welche Geschwindigkeit hat „sie“ in den ersten 5 s ihrer Fahrt?

d) Welche Geschwindigkeit hat „sie“ nach 7 s?

e) Welche mittlere Geschwindigkeit hat „sie“ in den ersten 8 s?

f) Inwiefern kann $s(t)$ für eine echte Straßenbahn nicht so aussehen?

B 92: Gib die abschnittsweise definierte Funktion $s(t)$ an ...

a) ... für den Radfahrer in Aufgabe B80 !

b) ... für die Straßenbahn in Aufgabe B90 !

B 94: Gegeben seien die folgenden $s(t)$-Diagramme, die jeweils die Bewegung eines Körpers beschreiben.

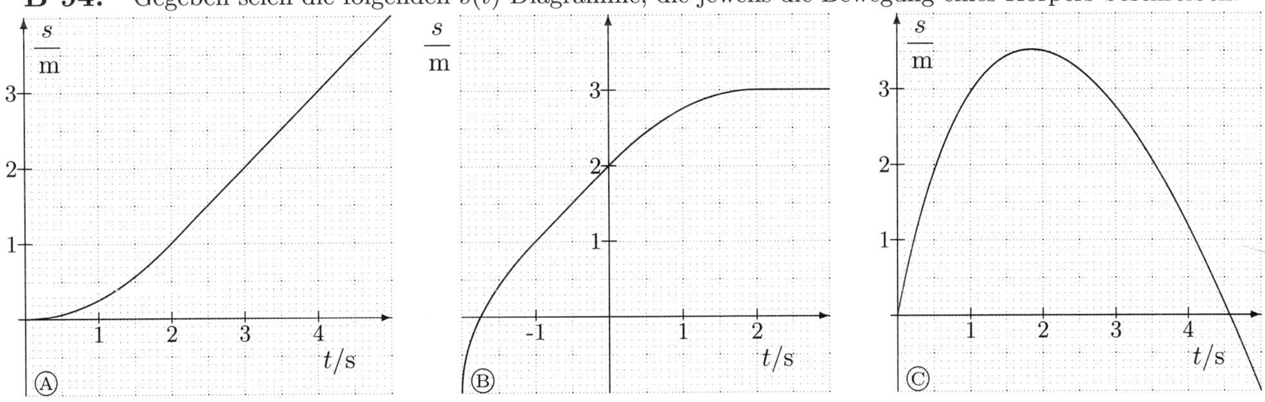

a) Beschreibe die Bewegungen verbal!

b) Zeichne qualitativ richtig die entsprechenden $v(t)$-Diagramme!

B 96: Stelle die folgenden Bewegungen qualitativ in einem $s(t)$-Diagramm dar!

a) Ein Flugzeug bremst auf einer Landebahn bis zum Stillstand ab.

b) Ein Auto bremst sachte von vorher konstanter Geschwindigkeit deutlich ab und fährt mit konstanter Geschwindigkeit weiter.

c) Ein Förderband an der Kasse eines Supermarktes fährt immer wieder ein Stückchen weiter und bleibt wieder stehen. (Unterschied zwischen ruckartigem und sachtem Anfahren?)

d) Zwei Schüler rollen sich auf ihrer Bank eine Tintenpatrone gegenseitig hin und her.

★

B 98: In einer Fabrik könne sich ein schwerer Fertigungsroboter auf einer als s-Achse zu betrachtenden Schiene hin und her bewegen. Das nebenstehende Diagramm zeigt einen Ausschnitt aus dem Bewegungsablauf des Roboters. Es sind vier Phasen (Ⓐ– Ⓓ) der Bewegung zu unterscheiden, welche durch Strichelchen am Graphen voneinander abgegrenzt sind.

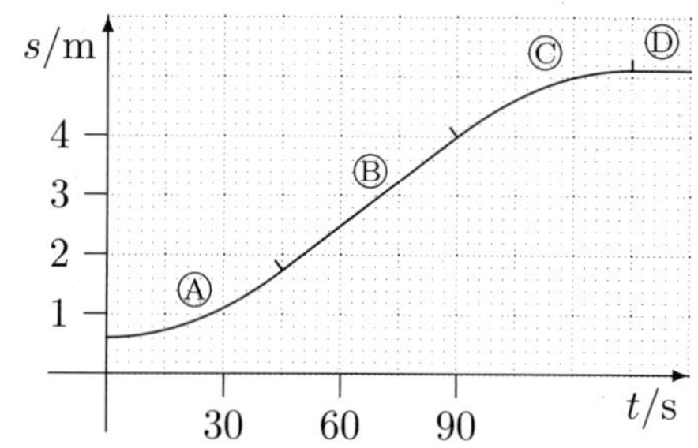

a) Charakterisiere die Phasen der dargestellten Bewegung verbal!

b) Wie weit bewegt sich der Roboter insgesamt?

c) Welche Höchstgeschwindigkeit erreicht er?

d) Welche Durchschnittsgeschwindigkeit hat der Roboter im dargestellten Zeitraum?

★

B 100: Selbe Aufgabenstellung wie B98 mit diesem Diagramm:

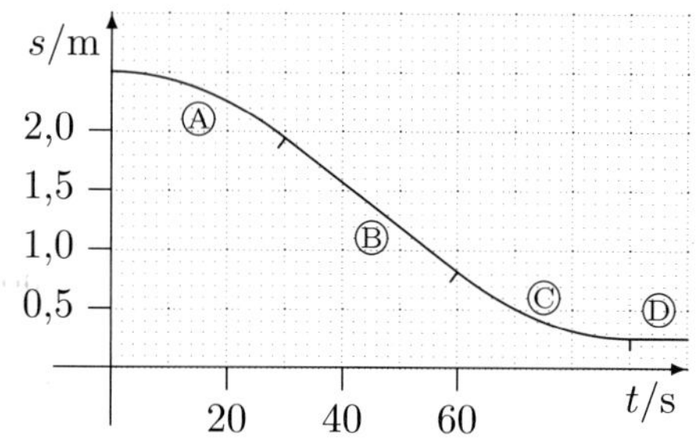

★

B 102:

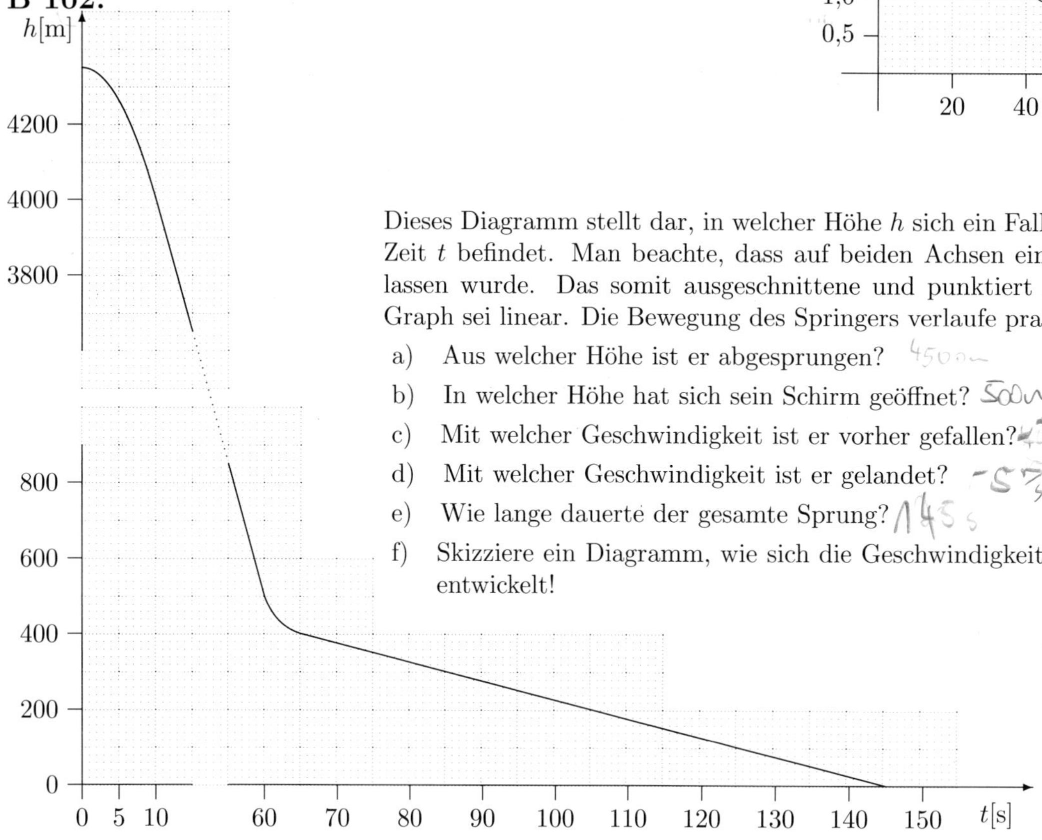

Dieses Diagramm stellt dar, in welcher Höhe h sich ein Fallschirmspringer zur Zeit t befindet. Man beachte, dass auf beiden Achsen ein Abschnitt weggelassen wurde. Das somit ausgeschnittene und punktiert angedeutete Stück Graph sei linear. Die Bewegung des Springers verlaufe praktisch nur vertikal.

a) Aus welcher Höhe ist er abgesprungen?

b) In welcher Höhe hat sich sein Schirm geöffnet?

c) Mit welcher Geschwindigkeit ist er vorher gefallen?

d) Mit welcher Geschwindigkeit ist er gelandet?

e) Wie lange dauerte der gesamte Sprung?

f) Skizziere ein Diagramm, wie sich die Geschwindigkeit im Laufe der Zeit entwickelt!

Funktion $s(t) = vt + s_0$

B 160: Auf einer Luftkissenbahn mit Skalierung s gleiten zwei farbige Schlitten aufeinander zu. Der blaue Schlitten gleite gemäß $s_B(t) = 12\frac{\text{cm}}{\text{s}} \cdot t - 25\,\text{cm}$.
Die Bewegung des gelben Schlittens sei durch $s_G(t) = 2{,}60\,\text{m} - 18\frac{\text{cm}}{\text{s}} \cdot t$ beschrieben.

a) Welcher der beiden Schlitten bewegt sich in positiver s-Richtung?

b) Wann und wo treffen sich die Schlitten?

★

B 162: Bei einem Marathon-Lauf läuft Fritz vom Start an konstant mit $5\frac{\text{m}}{\text{s}}$. Gleichzeitig startet Meike mit 2,4 km Vorsprung gleichförmig mit $4{,}6\frac{\text{m}}{\text{s}}$. Wo und wann holt Fritz sie ein?

a) Stelle für Fritzens und Meikes Bewegung jeweils eine passende Funktionsgleichung $s_F(t) = \ldots$ bzw. $s_M(t) = \ldots$ auf! Zeitnullpunkt sei der gemeinsame Startzeitpunkt. Nullpunkt der s-Achse sei die Startposition von Fritz, s-Richtung sei die Laufrichtung.

b) Begründe den Ansatz $s_F(t) = s_M(t)$ und löse nach t auf!

c) Berechne mit dem erhaltenen t-Wert $s_F(t)$ und $s_M(t)$!

d) Wiederhole das Verfahren mit Meikes Startposition als Nullpunkt!

★

B 164: Bei einem Marathon-Lauf läuft Fritz vom Start an konstant mit $5\frac{\text{m}}{\text{s}}$. Meike startet von derselben Startlinie aus zwei Minuten später gleichförmig mit $5{,}2\frac{\text{m}}{\text{s}}$. Bis wo und wann holt Meike ihren Rückstand auf?

★

B 166: Nachdem Rotkäppchen in Gesellschaft von Herrn Wolf einen Strauß bunter Blumen gepflückt hat, verabschiedet sie sich um 8^{00} Uhr von ihm und schlendert mit $70\frac{\text{cm}}{\text{s}}$ zum Hause ihrer lieben Oma. Herr Wolf hat heute morgen ebenfalls noch einen Termin, zu dem er auf demselben Weg gelangen kann. Er hat aber noch ein wenig Zeit, bevor er mit seiner üblichen Geschwindigkeit von $1{,}20\frac{\text{m}}{\text{s}}$ losgehen muss. Wie lange höchstens kann er noch auf der Blumenwiese ausruhen, wenn er Rotkäppchen spätestens um 8^{20} Uhr überholen will?

★

B 168: Wie viele a) Sekunden b) Meter
Vorsprung darf ein $28\frac{\text{km}}{\text{h}}$ schneller Läufer einem nur $25\frac{\text{km}}{\text{h}}$ schnellen Konkurrenten höchstens geben, wenn er ihn auf einer 5000 m langen Bahn noch einholen will?

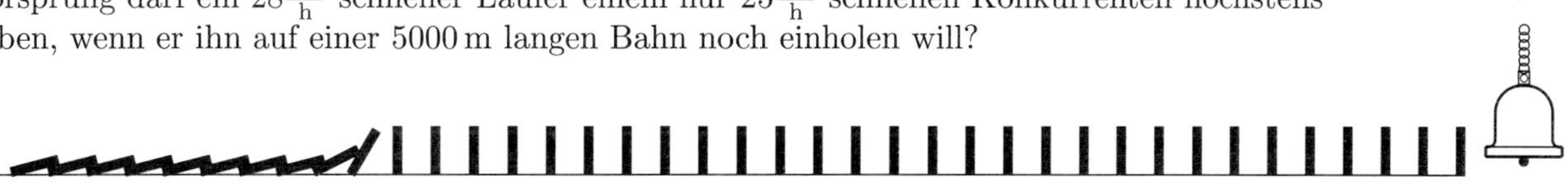

★

B 170: Der Schüler Quasimodo will auf dem nächsten Schulfest eine Reihe nacheinander umfallender Dominosteine vorführen. Im Flur vor seinem Klassenraum stellt er über $2\frac{1}{2}$ Tausend Steine an einem Laserstrahl ausgerichtet mit gleichen Abständen zu einer 78 m langen Reihe auf. Die Steine hat er so beschriftet, dass sie nach dem Umfallen eine lange Textzeile mit einem Auszug aus Friedrich Schillers „Lied von der Glocke“ zeigen. Als finaler Clou soll der letzte Stein beim Fallen ein von der Schulleitung zur Verfügung gestelltes Glöckchen anschlagen, das von einem Stativ herabhängt. Bei der Generalprobe passiert jedoch ein kleines Malheur: Quasimodo stößt das erste Steinchen um, und das Umfallen pflanzt sich planmäßig mit $1{,}20\frac{\text{m}}{\text{s}}$ der Reihe entlang fort, während Quasimodo stehen bleibt. Vierzig Sekunden nach dem Anstoß, als gerade die vierte Strophe zu fallen beginnt, bemerkt Quasimodo, dass das Glöckchen am anderen Ende der Reihe nicht an der richtigen Stelle hängt. Er rennt sofort mit $5{,}20\frac{\text{m}}{\text{s}}$ los, um das Glöckchen noch vor dem Umfallen des letzten Steins zu richten.

a) Wo und wann überholt Quasimodo das Umfallen?

b) Wie viel Zeit bleibt Quasimodo, nachdem er das Glöckchen erreicht hat?

c) Wie heißt Quasimodos Freundin?

★

B 172: Godzilla nähert sich mit $60\frac{\text{km}}{\text{h}}$ in feindlicher Absicht der am Meeresboden ankernden Nautilus! Noch ist das See-Ungeheuer 240 km vom U-Boot entfernt. Zur Abwehr will Captain Nemo ein Torpedo mit 300 kg Betäubungsmittel unmittelbar vor Godzilla ferngesteuert explodieren lassen. Da das Mittel einerseits möglichst weit weg von der Nautilus freigesetzt werden soll, andererseits die Reichweite des Torpedos begrenzt ist, soll das Torpedo in 70 km Entfernung mit Godzilla zusammentreffen.

a) Wie lange sollte man mit dem Start des Torpedos noch warten, wenn das Torpedo konstante $40\frac{\text{km}}{\text{h}}$ schnell ist?

b) Auf welche konstante Geschwindigkeit sollte das Torpedo geregelt werden, wenn es aus Ungeduld sofort gestartet wird?

★

B 174: Klarabella und Thorsten wohnen genau 7 km und 20 m (von Haustür zu Haustür gemessen) voneinander entfernt. Beide gehen um 12^{50} Uhr von zu Hause los, aufeinander zu. Klarabella legt $3{,}1\frac{\text{m}}{\text{s}}$ zurück, Thorsten $3{,}4\frac{\text{m}}{\text{s}}$. Wo und wann treffen sich die beiden?

B 176: Der $6\frac{m}{s}$ schnelle Held eines 92 min langen Actionfilms ist in eine 1500 m lange Röhre hineingelaufen um seine behäbigen Verfolger abzuschütteln. Bei der Röhre handelt es sich um ein Abflussrohr eines Stausees, durch das bei Bedarf Wasser aus dem See abgelassen werden kann. Nachdem der tapfere Held 300 m weit in die Röhre eingedrungen ist, erfährt er, dass seine fiesen Widersacher das Rohr gerade fluten. Vom anderen Ende des Rohres her kommt ihm nun also eine Wasserflut mit $31\frac{m}{s}$ entgegen, weswegen er sich zu sofortigem Zurücklaufen entscheidet.
Untersuche experimentell – ersatzweise rechnerisch, ob die Flut den Helden noch erfasst, bevor jener das rettende Ende der Röhre erreicht!
Falls ja: Wann und an welcher Stelle der Röhre wird der Held nass?
Falls nein: Wie viel Zeit später als der Held erreicht das Wasser das Rohrende?

B 178: Oma (☺) ist gerade mit dem Flugzeug aus Kagoshima zurückgekehrt. Um bequemer durch einen langen Gang des Flughafens zu kommen, stellt sie sich auf ein Fahrsteig (quasi eine Rolltreppe ohne Stufen), welches mit $2\frac{m}{s}$ laufe. Zwecks Aufgabenstellung sei entlang des 85 m langen Fahrsteiges eine s-Achse definiert wie hier gezeichnet. Omas Enkel Marvin (Ⓜ) und Robin (Ⓡ) laufen vom Anfang bzw. Ende des Fahrsteiges her $4{,}5\frac{m}{s}$ schnell auf Oma zu. Sie sind beide in dem Moment losgelaufen, als Oma gerade an der Stelle 20 m war. Dieser Zeitpunkt diene auch als Zeitnullpunkt.

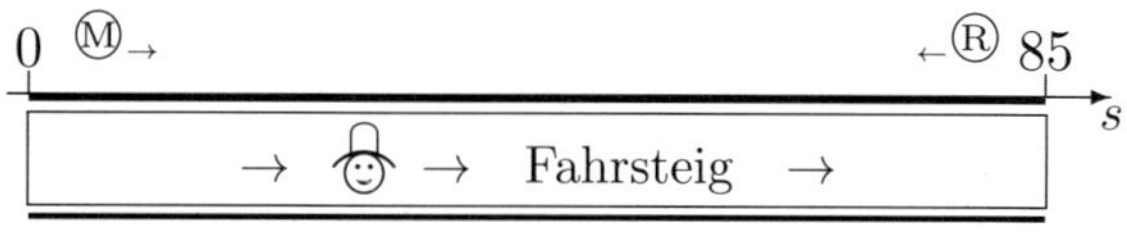

a) Stelle Gleichungen auf, welche die Positionen von Marvin, Oma und Robin im Laufe der Zeit beschreiben!

b) Welcher Enkel ist früher bei Oma?

c) Wie würde Omas Gleichung aussehen, wenn die s-Achse ihren Nullpunkt am Ende des Fahrsteigs hätte und entgegen der Fahrrichtung verliefe?

B 180: Am Wandertag trifft sich eine 10er-Klasse auf dem Parkplatz P am malerischen Tetracacasee. Manche Schüler sind mit dem Fahrrad da, andere zu Fuß. Man möchte auf dem 12,6 km langen Sankt-Pentasinus-Rundweg um den See herum fahren bzw. wandern. Die Radfahrer fahren mit erstaunlich konstanten $300\frac{m}{min}$, die Wanderer legen 120 m pro Minute zurück. Beide Gruppen beginnen ihren Rundweg um 8.35 Uhr am Parkplatz.

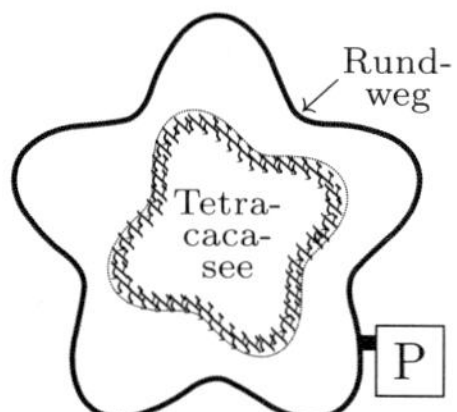

a) Wann treffen sich die Gruppen zum 1. Mal wieder, wenn sie in entgegengesetzten Richtungen starten?

b) Wann überrunden die Radfahrer die Wanderer zum 1. Mal, wenn sie in gleicher Richtung starten?

c) Zeichne in obige Karte für beide Fälle jeweils ein, wo etwa sich die Gruppen wiedersehen, wenn die Wanderer vom Parkplatz kommend nach rechts starten!

B 182: Hier kannst Du Deine Fähigkeiten als Film-Regisseur ausprobieren:
Wähle durch Ankreuzen aus jeder Klammer eine Alternative, um Dir Deinen eigenen Film (z.B. A2-B3-C2-D1-E1-F2) zusammenzustellen!

Im { A1 Spionage-Thriller „Das silberne Ei “ / A2 Katastrophenfilm „Der Tag vor morgen“ / A3 Phantasy-Film „Herr der Klinge“ } flieht der Haupt-Held { B1 Pan Tau / B2 Harald T. / B3 Willi }

nach der letzen Werbepause am Ende des { C1 2 h / C2 95 min / C3 25 min } langen { D1 Schwarz-Weiß- / D2 Farb- / D3 3D- } Films

{ E1 $80\frac{cm}{s}$ schnell kletternd im Fahrstuhlschacht vor dem Fahrstuhl des Todes, der $2\frac{m}{s}$ hochfährt. / E2 $8\frac{m}{s}$ schnell rennend in einer Tunnelröhre vor einer extremen Kälte, die sich mit $20\frac{m}{s}$ ausbreitet. / E3 $28{,}8\frac{km}{h}$ schnell durch eine Pipeline fahrend vor einem wilden Schweiß-Roboter, der $72\frac{km}{h}$ fährt. }

Zu Beginn der Szene hat er noch einen Vorsprung von { F1 6 m / F2 60 m / F3 600 m }.

a) Wie viel Zeit bleibt einem Neben-Helden, rettend einzugreifen?

b) Welchen Weg würde der Haupt-Held sonst zurücklegen, bevor er eingeholt würde?

B 240: Die folgenden Diagramme zeigen jeweils, wie sich die Geschwindigkeit eines Objektes im Laufe der Zeit entwickelt.

a) Wie weit von seiner Startposition entfernt befindet sich das Objekt am Ende der dargestellten Zeit?

b) Bestimme die mittlere Geschwindigkeit $\bar{v}$ während der Bewegung (ohne Berücksichtigung von Stillstandszeiten) und zeichne den Graphen der Funktion $v(t) = \bar{v}$ ein!

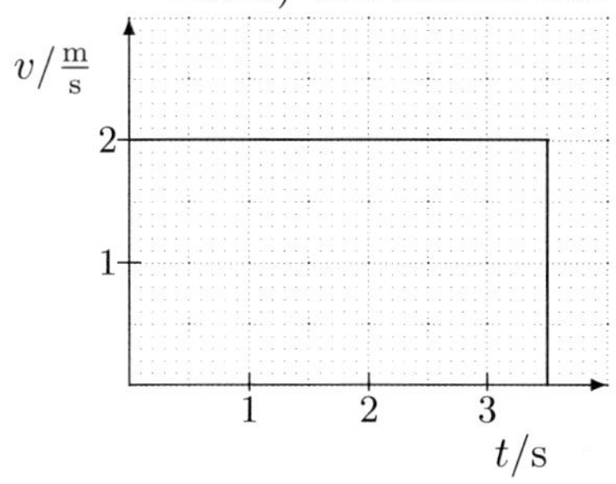

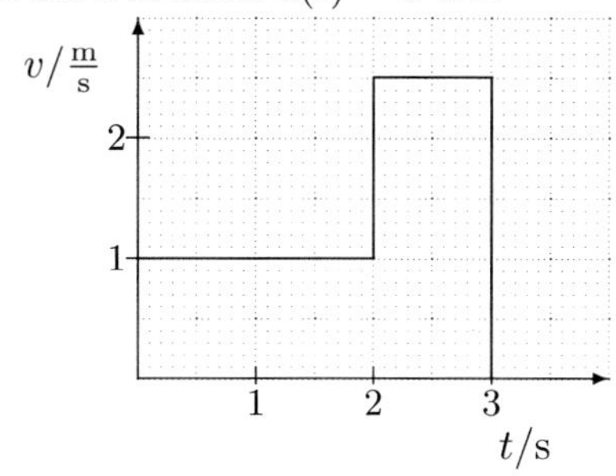

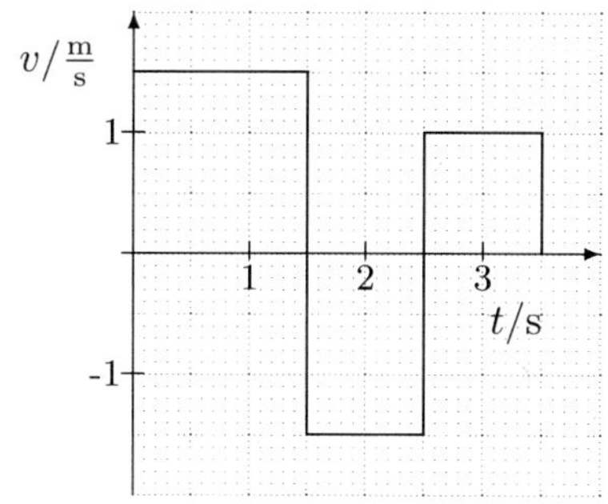

B 242: (wie Aufgabe B240)

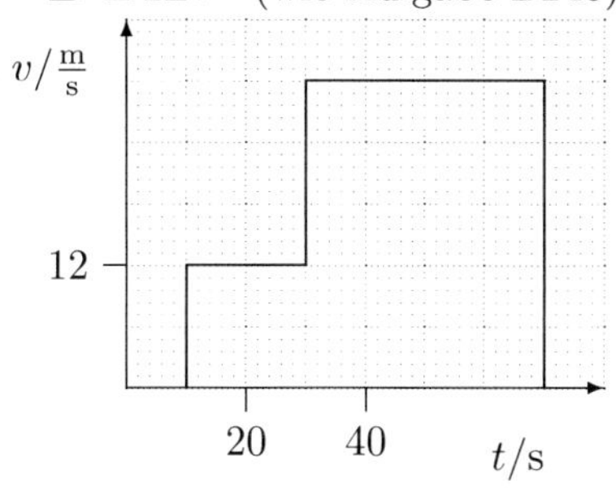

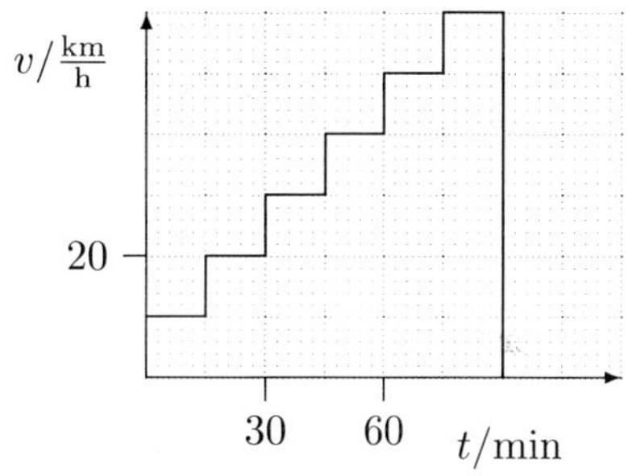

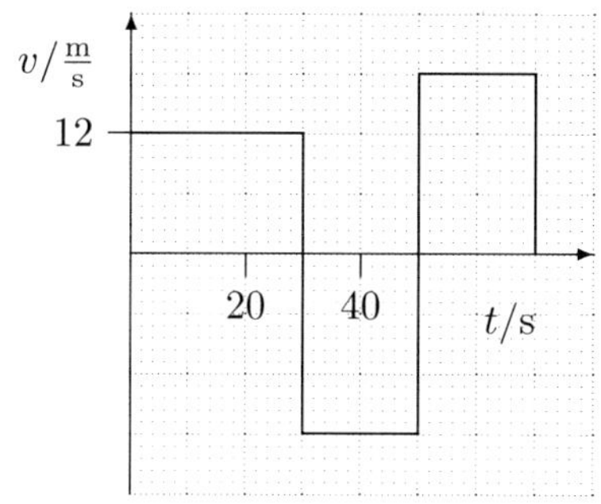

★

B 244: Hier rechts ist für zwei Objekte dargestellt, wie sich ihre Geschwindigkeiten mit der Zeit ändern. Wie viel Weg legen die beiden Objekte in der dargestellten Zeit jeweils zurück?

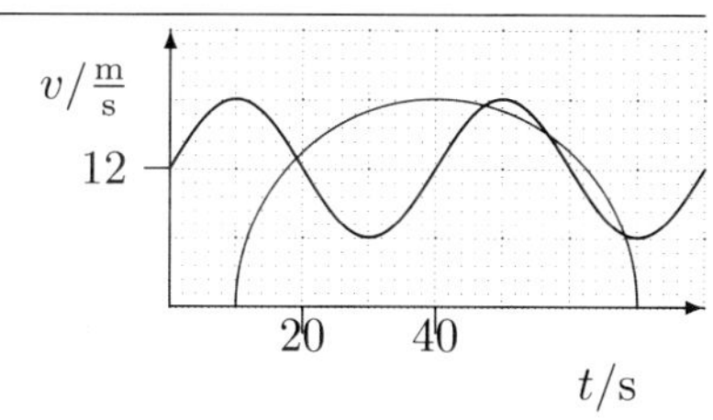

★★

B 246: Zwei Kollegen, hier nur Ⓐ und Ⓑ genannt, fahren ein 4-minütiges Wettrennen, ab $t = 0$ von derselben Startlinie aus in dieselbe Richtung. Das Diagramm hier rechts zeigt, wie sich ihre Geschwindigkeiten entwickeln.
Beschreibe den Verlauf des Rennens!
Wann und wo geht wer in Führung?

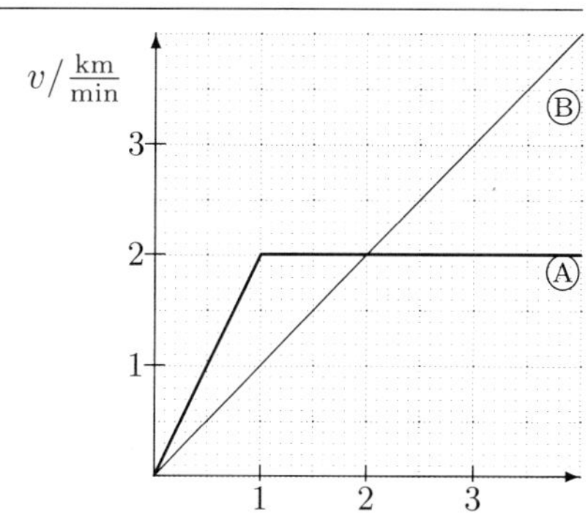

★★

B 248: Dieser Graph stellt dar, wie Albrecht einen schweren Einkaufswagen über einen Parkplatz schiebt.

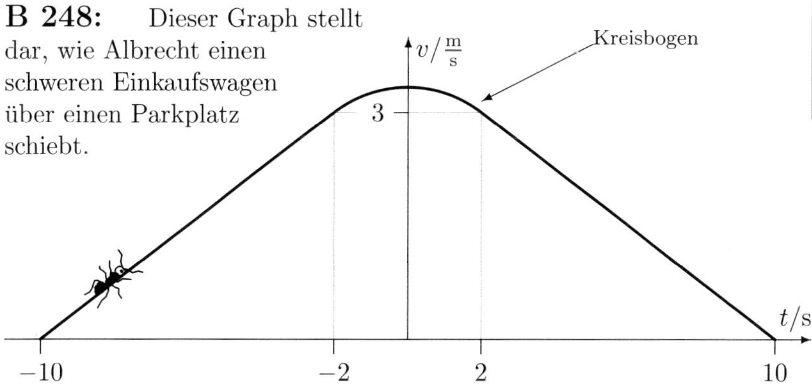

Zugleich mit Albrecht startet eine Ameise damit, den gesamten hier abgedruckten Graphen mit $6{,}94\,\frac{mm}{s}$ von links nach rechts abzukrabbeln. Wer erreicht sein Ziel früher?

Aufgaben in diesem Abschnitt laden zu Tabellenkalkulation ein.

★

B 300: Bei einem Fahrbahnversuch erhält man als Messwerte:

s/cm	0	15	30	45	60	75	90	105	120	135	150	165	180	195	210	225
t/ms	0	408	577	707	816	913	1000	1080	1155	1225	1291	1354	1414	1472	1528	1581

a) Erstelle aus dieser Wertetabelle ein $s(t)$-Diagramm!

b) Berechne die mittleren Geschwindigkeiten in den einzelnen Zeitintervallen und trage diese in einem $v(t)$-Diagramm gegen die Mittelpunkte der Intervalle auf!

★

B 302: Hänsel und Gretel kommen auf einen Waldparkplatz und verstecken sich in einem dort geparkten LKW, der leckeren Lebkuchen geladen hat. Sobald der LKW losfährt, lässt Hänsel wie dressiert alle halbe Sekunde ein Stück Lebkuchen über die Bordwand fallen. Folgend ist der Anfang der so gelegten Spur im Maßstab 1 : 200 abgebildet:

a) Zeichne ein $s(t)$-Diagramm!

b) Bestimme die Werte für $\bar{v}$ des LKWs zwischen den Lebkuchen!

c) Zeichne ein $v(t)$-Diagramm und finde eine passende Gleichung!

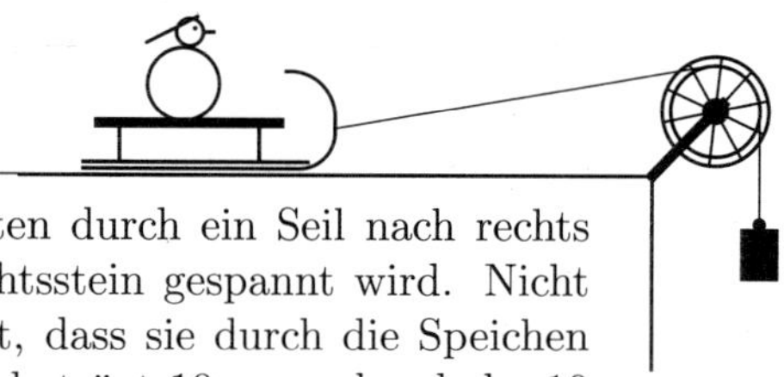

★

B 304: Auf einer ebenen Bahn wird ein 850 g schwerer Schlitten durch ein Seil nach rechts gezogen, das über ein Speichenrädchen umgelenkt von einem Gewichtsstein gespannt wird. Nicht abgebildet ist an der Bahn außerdem eine Lichtschranke so montiert, dass sie durch die Speichen des Rädchens unterbrochen werden kann. Der Umfang des Rädchens beträgt 10 cm und es habe 10 Speichen. Das folgende Bild stellt mit dunklen Balken dar, zu welchen Zeiten die Lichtschranke unterbrochen war.

a) Erstelle aus den Zeitpunkten, an denen die Lichtschranke unterbrochen worden ist, ein $s(t)$-Diagramm!

b) Berechne die mittleren Geschwindigkeiten $\bar{v}$ in den Zeitintervallen zwischen den Unterbrechungen!

c) Trage diese $\bar{v}$ gegen die Mittelpunkte dieser Intervalle auf!

★★

B 306: Eine Bewegung verlaufe gemäß $s(t) = 7\frac{\mathrm{m}}{\mathrm{s}^3} \cdot t^3$. Es soll mit einem Tabellenkalkulationsprogramm gezeigt werden, wie man die Momentangeschwindigkeit zum Zeitpunkt $t_0 = 2\,\mathrm{s}$ als Grenzwert mittlerer Geschwindigkeiten in Zeitintervallen ab t_0 mit der Dauer $\Delta t \to 0$ erhält. Entwirf eine Tabelle, die solche mittleren Geschwindigkeiten für eine Folge abnehmender Δt berechnet! Dabei soll Δt durch Halbierungen verkleinert werden.

★★

B 308: Ein völlig uninteressanter Körper bewege sich gemäß $s(t) = 7\frac{\mathrm{m}}{\mathrm{s}^2} \cdot t^2$ auf einer ebenso spannenden Bahn.

a) Welchen Weg legt der Körper ab dem Zeitpunkt $t_0 = 5\,\mathrm{s}$ in dem darauf folgenden Zeitintervall der Länge $\Delta t = 0{,}03\,\mathrm{s}$ zurück?

b) Welche mittlere Geschwindigkeit hat er in diesem Zeitintervall?

c) Leite für beliebige t_0 und Δt eine möglichst weit vereinfachte Formel für die mittlere Geschwindigkeit her, die der Körper im Zeitintervall $[t_0, t_0 + \Delta t]$ hat!

d) Wie vereinfacht sich diese Formel, wenn man Δt als verschwindend klein annimmt?

★★

B 310: Eine fallengelassene Stahlkugel verliere in der Zeit t um h an Höhe. Bestimme den fehlenden Wert!

t[s]	0	1	2	3	4	5	6
h[m]	0.0	4.9	19.6	44.1	78.4		176.4

Beschleunigung

B 360: Während einer wohlverdienten Verschnaufpause beim Erklimmen des beliebten Rodel-Abhangs von Ober-Eisheim hält die 15-jährige Helene ihren neuen Schlitten leider nicht richtig fest, so dass dieser beginnt, den verschneiten Hang hinab zu rutschen. Seine Geschwindigkeit nehme nun in jeder Zehntelsekunde um $0{,}6\,\frac{\text{km}}{\text{h}}$ zu.

a) Mit welcher Geschwindigkeit saust der Schlitten 2,7 s später knapp an dem ahnungslos am Rand der Bahn stehenden Gustav vorbei?

b) Wann erreicht Helenes Schlitten die innerorts erlaubte Höchstgeschwindigkeit von $50\,\frac{\text{km}}{\text{h}}$?

★

B 362: Um im Computerspiel „Welt des Froschkönigs 2.0“ die fallende Kugel einer Hauptdarstellerin realistisch anzuzeigen, geht der Programmierer – mangels besseren Wissens um beschleunigte Bewegung – wie folgt vor: Er setzt die gesamte Fallzeit aus winzig kleinen Zeitintervallen der Länge $\Delta t = 10\,\text{ms}$ zusammen, während derer er die Geschwindigkeit der Kugel als konstant annimmt. Um der Beschleunigung Rechnung zu tragen, setzt er aber für jedes Zeitintervall eine um $\Delta v = 0{,}1\,\frac{\text{m}}{\text{s}}$ höhere Geschwindigkeit an als im vorigen Intervall. Die Kugel „fällt“ im ersten Zeitintervall mit der Geschwindigkeit 0.

a) Welche Geschwindigkeit hat die Kugel im 15. Zeitintervall?

b) Wie weit fällt die Kugel innerhalb des 15. Zeitintervalles?

c) Welchen Weg legt die Kugel innerhalb der ersten 15 Zeitintervalle zusammen zurück?

d) Zeichne ein $v(t)$-Diagramm für die ersten 20 Zeitintervalle und veranschauliche die Antworten auf die beiden vorigen Fragen darin geometrisch!

B 364: (wie Aufgabe B240)
zusätzlich: Bestimme abschnittsweise Werte von $a[\frac{\text{m}}{\text{s}^2}]$!

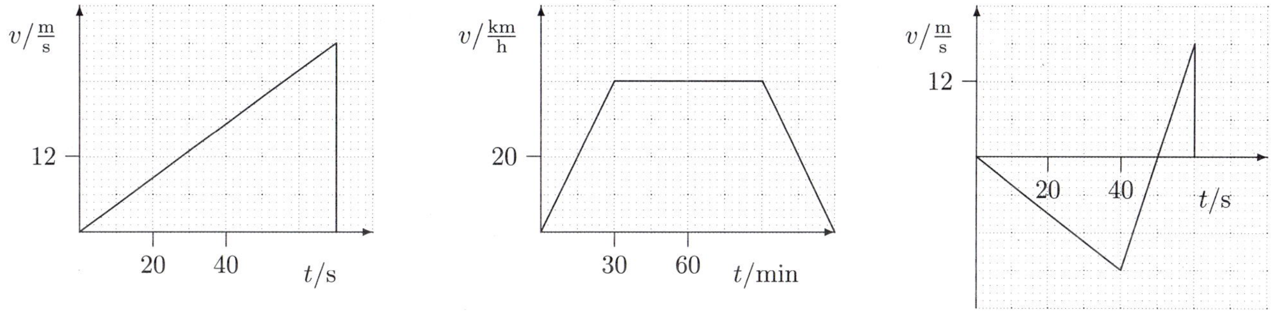

Funktion $s(t) = \frac{1}{2}at^2 + v_0t + s_0$

B 420: Ein Körper starte zum Zeitnullpunkt an der Stelle $-40\,\text{m}$ einer s-Achse mit einer anfänglichen Geschwindigkeit von $8\,\frac{\text{m}}{\text{s}}$ in Richtung der Achse und beschleunige mit $0{,}6\,\frac{\text{m}}{\text{s}^2}$ in derselben Richtung. Beantworte auf den Zeitpunkt 10 s bezogen:

a) Wie schnell ist der Körper?

b) Wo befindet er sich?

★

B 422: Begründe mit Hilfe einer Flächenbetrachtung:

a) aus der Formel $v(t) = at$ die Formel $s(t) = \frac{1}{2}at^2 + s_0$

b) aus der Formel $v(t) = at + v_0$ die Formel $s(t) = \frac{1}{2}at^2 + v_0t + s_0$

★

B 424: Ein Körper bewege sich gemäß $s(t) = -85\,\text{m} + 0{,}64\frac{\text{m}}{\text{s}^2} \cdot t^2 + 18\frac{\text{m}}{\text{s}} \cdot t$ entlang einer s-Achse.

a) Wo befindet er sich zum Zeitpunkt $t_1 = 7\,\text{s}$?

b) Wie schnell ist er zu diesem Zeitpunkt?

c) Wie weit bewegt er sich in den auf t_1 folgenden zwei Sekunden fort?

★

B 426: Die Geschwindigkeit eines Körpers entwickele sich gemäß: $v(t) = 2{,}2\frac{\text{m}}{\text{s}} + 1{,}8\frac{\text{m}}{\text{s}} \cdot \frac{t}{1\,\text{s}}$

a) Wie stark beschleunigt der Körper?

b) Wie schnell ist er bis $t_1 = 5\,\text{s}$ geworden?

c) Wann ist er zehnmal so schnell wie zu Beginn?

d) Welche Strecke legt er zwischen t_1 und $t_2 = 8\,\text{s}$ zurück?

★

B 428: Hier ganz rechts sind einige $s(t)$-Graphen von Bewegungen mit konstanter Beschleunigung dargestellt.
Trage in jedes freie Tabellenfeld den Wert Null oder das Vorzeichen der zugehörigen Größe ein!

Nr.	a	v_0	s_0
Ⓐ			
Ⓑ			
Ⓒ			
Ⓓ			

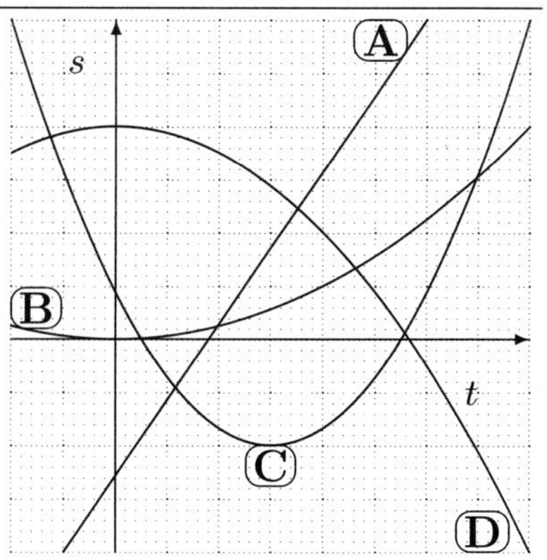

★

B 430: Ein Körper bewege sich im Laufe der Zeit t entlang der x-Achse eines Koordinatensystems gemäß der Gleichung $x(t) = t \cdot (p \cdot t + q)$.
Welche physikalischen Bedeutungen haben die Parameter p und q in dieser Gleichung?

★

B 432: Zwei Körper starten zur selben Zeit nebeneinander am selben Ort in dieselbe Richtung. Der eine Körper bewegt sich gleichförmig mit $5\frac{\text{m}}{\text{s}}$, der andere beschleunigt aus einer anfänglichen Geschwindigkeit von $1\frac{\text{m}}{\text{s}}$ mit $1{,}6\frac{\text{m}}{\text{s}^2}$. Wann und wo befinden sich die Körper wieder nebeneinander?

★

B 434: In Dillingen fahre ein Personenzug in Richtung Beckingen ab. Im gleichen Moment fahre ein Güterzug in Richtung Dillingen durch Beckingen. Der Personenzug beschleunige konstant mit $1\frac{\text{m}}{\text{s}^2}$ und der Güterzug fahre mit konstant $36\frac{\text{km}}{\text{h}}$. Beckingen sei von Dillingen 2 km entfernt.

a) Lege eine s-Achse und einen Zeitnullpunkt fest! Gib darauf bezogen für beide Züge jeweils das s(t)- und das v(t)-Gesetz mit konkreten Koeffizienten an!

b) Wann zeigen die Tachometer der beiden Züge die gleiche Geschwindigkeit an?

c) Wann und wo begegnen sich die Züge? (Keine Sorge, die Strecke ist zweigleisig.)

★

B 436: Im Dillinger Bahnhof fährt ein Personenzug ab. Im gleichen Moment fährt gerade ein Güterzug in derselben Richtung auf dem Nachbargleis an ihm vorbei. Im Folgenden beschleunigt der Intercity konstant mit $1\frac{\text{m}}{\text{s}^2}$ und der Güterzug fährt mit einer konstanten Geschwindigkeit von $36\frac{\text{km}}{\text{h}}$.

a) Lege ein Bezugssystem fest und gib darin für jeden Zug das $s(t)$-Gesetz und das $v(t)$-Gesetz für die weitere Bewegung an!

b) Wann erreicht der Intercity die Geschwindigkeit des Güterzuges?

c) Wann erreicht der Personenzug den Güterzug? (Die Länge der Züge soll dabei vernachlässigt werden.)

★★

B 438: Ein Personenzug fährt mit $20\frac{\text{m}}{\text{s}}$ auf einer Bahnstrecke, der entlang Positionsangaben in Kilometern festgelegt sind. Der Zug befindet sich gerade bei Kilometer 28, als folgende Änderung eintritt. (Jeder Aufgabenteil geht von derselben Ausgangslage aus.)

a) Der Lokführer schenkt sich eine Tasse Tee ein und trinkt sie innerhalb von drei Minuten. Wo befindet sich der Zug danach?

b) Der Zug kommt auf einen neueren Schienenabschnitt, der schnellere Fahrt erlaubt. Er beschleunigt fortan mit $0{,}1\frac{\text{m}}{\text{s}^2}$. Wo befindet sich der Zug drei Minuten später? Wie schnell ist er geworden?

c) Ein Fahrgast wettet mit dem Lokführer darum, ob der Zug innerhalb von drei Minuten auf $65\frac{\text{m}}{\text{s}}$ beschleunigt werden könnte. Welche Beschleunigung muss der Lokführer herbeiführen um die Wette knapp zu gewinnen?

d) Der Lokführer erfährt, dass die Schienen bei Kilometer 29 enden. Mit welcher Beschleunigung muss er bremsen, um gerade rechtzeitig zum Stehen zu kommen? Wie lange dauert der Bremsvorgang?

e) Eine 2 km lange Steigung beginnt, in der der Zug pro Sekunde $0{,}05\frac{\text{m}}{\text{s}}$ an Fahrt verliert. Wie schnell ist der Zug am Ende der Steigung noch?

f) Weil 2 km vor dem Zug eine Kurve liegt, beginnt der Zug, seine Fahrt so konstant zu verzögern, dass er die Kurve mit nur noch $16\frac{\text{m}}{\text{s}}$ erreichen wird. Welche Beschleunigung ist das?

B 440: Ein Körper bewegt sich vom Nullpunkt einer Bahn aus mit nebenstehend dargestellter Geschwindigkeit.

a) Bestimme für alle Phasen der Bewegung die Beschleunigung des Körpers!

b) Gib das Weg-Zeit-Gesetz für die ersten drei Sekunden an!

c) Welchen Weg legt der Körper insgesamt zurück?

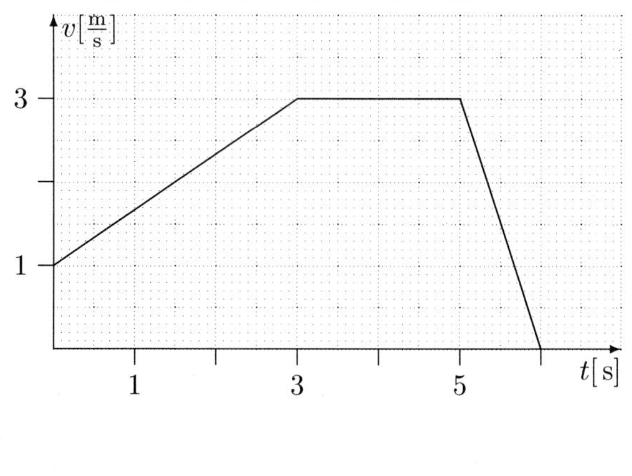

★

B 442: Ein Tanker könne mit $\pm 1{,}05 \cdot 10^{-3}\,\frac{\text{m}}{\text{s}^2}$ beschleunigen.

a) Wie lang ist sein Bremsweg aus einer Geschwindigkeit von $6\frac{1}{2}\,\frac{\text{m}}{\text{s}}$?

b) Angenommen, ein Schwimmer würde mit einem Tanker ein Wettrennen schwimmen. Der Schwimmer könnte vom gemeinsamen Start an dauernd mit $80\,\frac{\text{cm}}{\text{s}}$ schwimmen, und der Tanker würde aus dem Stand mit o.a. Wert beschleunigen. Wann, wo und mit welcher Geschwindigkeit würde der Tanker den Schwimmer überholen? (natürlich in ausreichendem seitlichen Abstand)

★

B 444: Die folgenden Diagramme zeigen qualitativ die $v(t)$-Verläufe verschiedener Bewegungen. Für alle drei gelte $s(0) = 0$. Zeichne qualitativ richtig die Graphen für $s(t)$ und für $a(t)$ dazu! (Einheiten ignorieren)

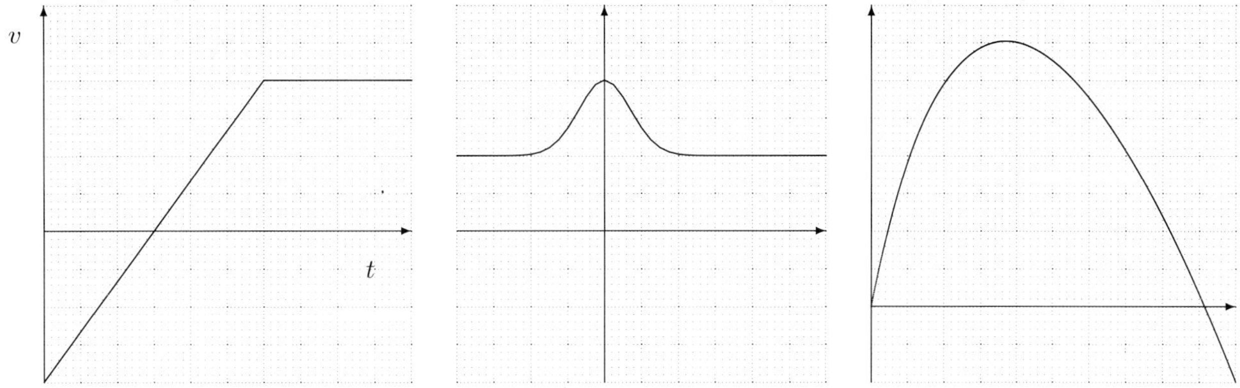

★

B 446: Bei einem Fahrbahnversuch erhält man nebenstehende Messwerte. Leider ist ein Wert einem Kaffee-Klecks zum Opfer gefallen. Berechne, wie groß der Wert wohl war!

s[cm]	0	5	10	20	30
t[s]	0	1.83	2.58	[illegible]	4.47

★★

B 448: Ein Rennwagen fährt mit konstanter Geschwindigkeit auf die Startlinie einer Rennbahn zu. In dem Moment, in dem er diese Linie passiert, beginne er gleichmäßig zu beschleunigen. Nach drei Sekunden habe er die Linie 96 m hinter sich gelassen, nach weiteren zwei Sekunden bereits 200 m. Wie weit wird er nach einer weiteren Sekunde sein?

★★

B 450: Paul rennt vor seiner Arbeit davon. Bei gleichzeitigem Start an gleicher Stelle kann Paul mit konstanten $4\,\frac{\text{m}}{\text{s}}$ wegrennen, während die Arbeit ihn aus der Ruhe heraus mit konstanten $0{,}4\,\frac{\text{m}}{\text{s}^2}$ beschleunigt verfolgt.

a) Wann und wo holt die Arbeit Paul ein?

b) Wann hatte Paul den größten Vorsprung?

c) Wie viel Vorsprung hatte Paul maximal?

★★

B 452: Ein Wagen der Masse 5 kg fährt auf einer geraden ebenen Fahrbahn. Der Fahrbahn entlang ist ein Maßband befestigt, an dem die Position s des Wagens abgelesen werden kann. Das Diagramm hier rechts stellt die Fahrt des Wagens dar.

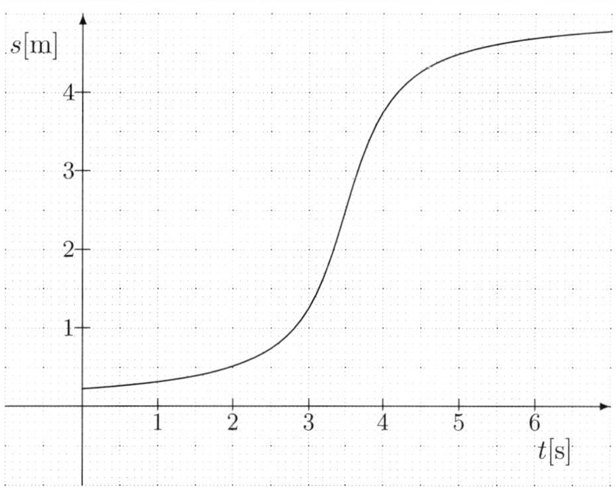

a) Bestimme seine maximale Geschwindigkeit!

b) Skizziere qualitativ richtig den zeitlichen Verlauf der Geschwindigkeit, $v(t)$, und den der Beschleunigung, $a(t)$!
(„qualitativ richtig“ heißt:
Monotonie- und Krümmungsverhalten der Kurven sowie die t-Koordinaten markanter Punkte sollen stimmen.)

(F) Kraft, Impuls, Energie

Grundgleichung der Mechanik

F 2: Ergänze möglichst sinnvoll:

- Unter einer Kraft versteht man jede Einwirkung auf einen ______, die bei Abwesenheit anderer Einwirkungen den Körper ______, das heißt, seine ______ im Laufe der ______ nach ______ oder ______ ändert.
- Eine Kraft ist keine skalare, sondern eine ______ Größe, das heißt, eine Größe mit ______ und Richtung.
- Betrag und ______ können durch einen ______ dargestellt werden, dessen ______-punkt der ______ der Kraft ist.
- Greifen an einem ______ Punkt eines Körpers ______ mehrere Kräfte an, so ______ daraus eine Gesamtkraft, deren darstellenden Pfeil man erhält, indem man die einzelnen Kraftpfeile ______.

F 4: Auf ein zunächst ruhendes Teilchen der Masse 2 g wirke 3 Sekunden lang eine Kraft von 4 N. Welche Geschwindigkeit hat das Teilchen danach?

F 6: Berechne die Kraft, die einen Körper der Masse 2 kg in 2 s aus der Ruhe auf $2\,\frac{\text{m}}{\text{s}}$ beschleunigt!

F 8: Wie stark werden 3 kg von 24 N beschleunigt?

F 10: Ein wie schweres Wägelchen kann man mit 10 N um $4\,\frac{\text{m}}{\text{s}}$ pro Sekunde beschleunigen?

F 12: Eine 80 °C heiße und 70 g schwere Kartoffel bewege sich mit $14\,\frac{\text{km}}{\text{h}}$. Welche Geschwindigkeit erreicht sie, wenn auf sie $2\frac{1}{2}$ s lang 280 mN in Bewegungsrichtung ausgeübt werden?

F 14: Welche anfängliche Geschwindigkeit hatte ein schließlich $14\,\frac{\text{m}}{\text{s}}$ schnelles Auto, wenn es 3 s lang mit $2\,\frac{\text{m}}{\text{s}^2}$ abgebremst wurde?

F 16: Wie viel Kraft ist erforderlich, um einen 1200 g schweren Kürbis in 3 s von $4\,\frac{\text{m}}{\text{s}}$ auf $10\,\frac{\text{m}}{\text{s}}$ zu beschleunigen?

F 18: Welche Geschwindigkeit erreicht ein 8,0 kg schweres Flugzeug, wenn es mit einer anfänglichen Geschwindigkeit von $30\,\frac{\text{m}}{\text{s}}$ zwei Sekunden lang mit einer resultierenden Kraft von 20 N beschleunigt wird? (Die Masse des Flugzeuges bleibe konstant.)

F 20: Wie schnell ist ein anfangs $11\,\frac{\text{m}}{\text{s}}$ schnelles Auto, wenn es 3 s lang mit $2\,\frac{\text{m}}{\text{s}^2}$ abgebremst wird?

★ **F 22:** Ein zunächst ruhender Körper der Masse 7 kg erfährt 1 Minute lang eine Kraft von 1,4 N. Welchen Weg legt er in dieser Minute zurück?

★ **F 24:** Wie weit kommt ein 300 g schweres Wägelchen, während es aus der Ruhe 5 s lang mit $60\,\frac{\text{cm}}{\text{s}^2}$ beschleunigt wird?

★ **F 26:** Ein elektrisch geladenes Teilchen der Masse 10^{-10} g tritt mit $70\,\frac{\text{m}}{\text{s}}$ in eine Kammer ein. In der Kammer wird es durch ein elektrisches Feld mit einer konstanten Kraft von 10^{-8} N abgebremst.

a) Innerhalb welcher Zeit kommt es zum Stillstand? b) Wie weit dringt das Teilchen in die Kammer ein?

★ **F 28:** Ab $t = 0$ startet ein 400 g schweres Wägelchen aus der Ruhe ab der Position $s_0 = 15\,\text{cm}$ unter dem Einfluss einer Kraft $F(t) = 4\,\text{N} - 0{,}3\,\frac{\text{N}}{\text{s}} \cdot t$. Gib $s(t)$, $v(t)$ und $a(t)$ an!

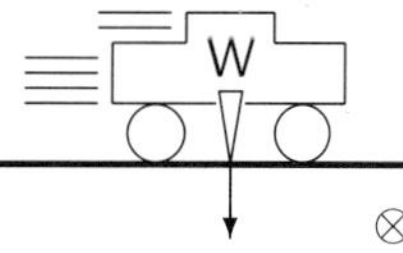

★

F 30: Ein 200 g schweres Wägelchen W rolle auf ebener Fahrbahn reibungsfrei mit $40\frac{\text{cm}}{\text{s}}$ nach rechts. Sobald es eine Lichtschranke (⊗) passiert, wird eine Uhr gestartet und ein Motor eingeschaltet, der ab dann 7 s lang die Kraft F nach links auf das Wägelchen ausübt.

a) Bestimme F so, dass W umkehrt, wenn die Uhr 5 s anzeigt!

b) Wann unterbricht das Wägelchen die Lichtschranke wieder?

F 32: Beschleunigung I: Ein 3 kg schwerer Körper wird aus der Ruhe 10 s lang mit 90 N beschleunigt.

a) Welche Geschwindigkeit hat er danach?

b) Welche Strecke legt er dabei zurück?

★

F 34: Beschleunigung IIa: Ein 3 kg schwerer Körper wird aus der Ruhe 5 s lang mit einer Kraft von 60 N, dann 5 s lang mit 120 N beschleunigt.

a) Welche Geschwindigkeit hat er danach?

b) Welche Strecke legt er dabei zurück?

★

F 36: Beschleunigung IIb: Ein 3 kg schwerer Körper wird aus der Ruhe 5 s lang mit einer Kraft von 120 N, dann 5 s lang mit 60 N beschleunigt.

a) Welche Geschwindigkeit hat er danach?

b) Welche Strecke legt er dabei zurück?

★★

F 38: Beschleunigung IIIa: Ein 3 kg schwerer Körper wird aus der Ruhe 750 m weit mit einer Kraft von 60 N, dann 750 m weit mit 120 N beschleunigt.

a) Welche Geschwindigkeit hat er danach?

b) Wie lange dauert der ganze Vorgang?

★★

F 40: Beschleunigung IIIb: Ein 3 kg schwerer Körper wird aus der Ruhe 750 m weit mit einer Kraft von 120 N, dann 750 m weit mit 60 N beschleunigt.

a) Welche Geschwindigkeit hat er danach?

b) Wie lange dauert der ganze Vorgang?

★

F 42: Ein 1,750 kg schweres Fahrzeug bewege sich im Zeitintervall [0 s; 16 s] auf einer als s-Achse aufgefassten Fahrbahn gemäß $s(t) = 4{,}5\frac{\text{cm}}{\text{s}^2} \cdot t^2 - 0{,}3\frac{\text{cm}}{\text{s}^3} \cdot t^3$

a) Wo und mit welcher Geschwindigkeit startet das Fahrzeug?

b) Welcher Bereich der Fahrbahn wird befahren?

c) Wie schnell bewegt sich das Fahrzeug maximal vorwärts?

d) Wie viel Kraft beschleunigt das Fahrzeug bei $t = 3\,\text{s}$?

★

F 44: Beim Abschleppen auf waagerechter Straße übe das 900 kg schwere ziehende Fahrzeug über das Abschleppseil gleichbleibend 2400 N auf das 1,5 t schwere gezogene Automobil aus.

a) Um wie viel $\frac{\text{km}}{\text{h}}$ stiege die Geschwindigkeit des Gespanns in fünf Sekunden, wenn alle Reibungskräfte vernachlässigbar wären?

b) Real wachse die Geschwindigkeit in 8 s von $7\frac{\text{km}}{\text{h}}$ auf $43\frac{\text{km}}{\text{h}}$. Wie groß sind die Reibungskräfte am gezogenen Fahrzeug insgesamt?

★

F 46: Es startet ein 5 kg schwerer Wagen zum Zeitpunkt 0 s bei $s_0 = 1\,\text{m}$ aus der Ruhe unter dem Einfluss der Antriebskraft $F(t) = -3\frac{\text{N}}{\text{s}^2} \cdot (t^2 - 2\,\text{s} \cdot t)$ in Richtung der s-Achse. Berechne, an welcher Position sich sich der Wagen zum Zeitpunkt $t = 2\,\text{s}$ befindet!

Trägheitskräfte

★

F 100: Der 64 kg schwere Gustav steht auf einer Waage in einem Fahrstuhl. Was zeigt die Waage an, wenn der Fahrstuhl ...

a) ... vom Keller aus mit $2\frac{\text{m}}{\text{s}^2}$ nach oben startet?

b) ... mit konstant $2\frac{\text{m}}{\text{s}}$ nach oben fährt?

c) ... bei Ankunft im 83. Stock mit $2\frac{\text{m}}{\text{s}^2}$ abbremst?

d) ... mit konstant $2\frac{\text{m}}{\text{s}}$ nach unten fährt?

★

F 102: Der immernoch 64 kg schwere Gustav steht auf einer intakten Waage in einem Fahrstuhl. Die Waage zeigt im Moment 67 kg an. Mache möglichst genaue Aussagen über die Geschwindigkeit und die Beschleunigung des Fahrstuhls!

★

F 104: Familie X. fährt auf der Autobahn von Neunkirchen nach Saarlouis. Plötzlich schlägt ein vom vorausfahrenden Tanklastzug aufgewirbeltes Steinchen ein kleines Loch in die Windschutzscheibe. Dank einer Klausel in der Teilkaskoversicherung, dass Reparaturkosten bei Glasbruch ohne Selbstbeteiligung des Versicherten erstattet werden, ist der Schaden zwar kaum der Rede wert, aber Herrn X. quält nun die Frage:
„Wie kann ein so kleines böses Steinchen so viel Kraft auf die arme Windschutzscheibe ausüben?“

★

F 106: Rolf war mit Freunden auf einem abgelegenen Parkplatz Rollschuh-Laufen und will nun mit dem Bus nach Hause fahren. Er steigt ein, setzt sich auf einen der vorderen Plätze am Gang und stellt seine Rollschuhe in Fahrtrichtung neben sich auf den Gang. Beim rasanten Anfahren des Buses rollen die Rollschuhe zur hintersten Sitzbank. Rolf fragt sich/Dich: *„Welche Kraft treibt den Rollschuh nach hinten?“*

★★

F 108: Ein Physiker lebt (schon immer) in einer abgeschlossenen fensterlosen Kabine mit grünem Teppichboden als seiner kleinen abgeschlossenen Welt. Die Kabine steht zunächst irgendwo im Bliesgau. Der Physiker stellt fest, dass die Körper in seiner Kabine gewisse Wechselwirkungskräfte aufeinander ausüben – z.B. aufgrund ihrer elektrischen Ladungen. Außerdem erfährt jedes Kilogramm eines Körpers eine zusätzliche Kraft von 9,81 N nach unten, ohne dass für unseren Kabinenphysiker der tatsächliche Wechselwirkungspartner, nämlich die Erde außerhalb der Kabine, erkennbar wäre. Der Physiker hält diese Bleib-doch-auf-dem-Teppich-Kraft einfach für ein fundamentales Phänomen seiner Kabinenwelt.
Nun wird die Kabine – während der Physiker tief schläft – auf eine Rakete montiert, in den intergalaktischen Raum gebracht und dauernd nach oben beschleunigt, und zwar gerade mit $9{,}81\,\frac{\mathrm{m}}{\mathrm{s}^2}$.
Kann der Physiker die Veränderung bemerken?

F 110: Recherchiere: Was ist das d'Alembert'sche Prinzip?

Reaktionsprinzip

★

F 160: Skizziere folgende Situationen und zeichne alle nennenswerten Kräfte auf die *angegebenen Körper* ein! Gib zu jeder Kraft auch die zugehörige Gegenkraft an! Herrscht an einem angegebenen Körper Kräftegleichgewicht?

a) Eine kleine *Stahlkugel* hängt an einem dünnen *Drähtchen* ruhig von der *Decke* herab.

b) Die kleine *Stahlkugel* von eben pendelt (um 20°) hin und her, sie befindet sich gerade bei maximaler Auslenkung.

c) *Sie* pendelt immer noch, befindet sich aber gerade im untersten Punkt ihrer Bahn.

★

F 162: dito:

a) *Ottokar* schiebt einen mit einer *Chipstüte* beladenen *Einkaufswagen* über den ebenen *Boden* eines Supermarktes.

b) *Er* wird dabei immer schneller, um noch vor der netten Dame mit dem schwarzen *Hut* an die Kasse zu kommen.

c) Kurz vor der Kasse lässt *er* den *Wagen* bis zum Stillstand ausrollen.

★

F 164: dito: *Waldi* (Zwergpudel, angeleint) will nicht so, wie *Frauchen* will: Frauchen (am anderen Ende derselben *Leine*) ist aber stärker als Waldi und zieht ihn mit etwa konstanter Geschwindigkeit von Bröhrmeyers Fleischerfachgeschäft weg.

★

F 166: Erkläre physikalisch fundiert, warum Hieronymus Carl Friedrich von Münchhausen sich nicht selbst an seinen eigenen Haaren aus einem Sumpf ziehen konnte!

Energie

F 220: Wir nehmen an, dass ein Körper der Masse m aus der Ruhe auf die Geschwindigkeit v gleichmäßig beschleunigt wird. Dazu muss eine Kraft F eine Zeit t lang ausgeübt werden, wobei der Körper eine Strecke s in Richtung von F zurücklegt. Ergänze:

Arbeit ist definiert über die Gleichung [______]. Ersetzt man F gemäß zweitem Newtonschen Axiom und s gemäß Weg-Zeit-Gesetz, so erhält man [______]. Ersetzt man noch a gemäß seiner Definition durch [__], so ergibt sich zusammengefasst und gekürzt: [______]

F 222: Wie viel Arbeit ist es, einen 200 g schweren Körper auf die Geschwindigkeit $10\,\frac{\mathrm{m}}{\mathrm{s}}$ zu bringen?

★

F 224: Ein Auto der Masse 900 kg wird aus dem Stand auf ebener Strecke auf $72\,\frac{\mathrm{km}}{\mathrm{h}}$ beschleunigt.

a) Berechne die verrichtete Beschleunigungsarbeit!

b) Wie viel kinetische Energie besitzt das Auto nun?

c) Wie viel Beschleunigungsarbeit ist erforderlich, um die jetzt erreichte Geschwindigkeit zu verdoppeln?

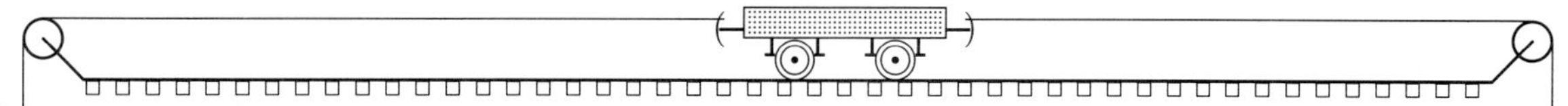

★★ **F 226:** Ein 250 g schwerer Waggon einer Modelleisenbahn wird auf ebenem Gleis festgehalten und ist über Schnüre mit zwei Gewichten (links 40 g, rechts 60 g) verbunden, wie abgebildet. Zum Zeitpunkt $t = 0\,\text{s}$ wird der Waggon losgelassen. Berechne die Geschwindigkeit, die der Waggon nach 10 cm Fahrt erreicht hat, einmal mit Hilfe der Beschleunigung und einmal über eine Energiebilanz!

F 228: Mit welcher Geschwindigkeit schlägt ein Körper nach freiem Fall aus 1 m Höhe auf?

F 230: Ein mit 630 V Gleichspannung betriebener und knapp 126,5 m langer leerer U-Bahn-Zug mit 177 t Masse fährt gerade an einer Station der *Jubilee Line* zu einer Testfahrt ab. Zunächst beschleunigt der Zug auf eine Geschwindigkeit von nur $10\frac{\text{m}}{\text{s}}$, mit der er an einer Baustelle vorbeifährt. Danach beschleunigt er auf freier Strecke auf $30\frac{\text{m}}{\text{s}}$, die er nur dieser Aufgabe zuliebe ausnahmsweise erreicht. Wie viel Beschleunigungsarbeit wird ... a) ... vor der Baustelle verrichtet? b) ... hinter der Baustelle verrichtet?

c) Wie viel kinetische Energie steckt schließlich im Zug?

★ **F 232:** Die Ausgangslage für jeden Teil dieser Aufgabe sei: Ein gelbes Auto der Masse 800 kg fahre mit $13\frac{\text{m}}{\text{s}}$ auf einer 5,20 m breiten Straße durch ein Dorf mit 4500 Einwohnern.

a) Wie viel kinetische Energie hat das Auto?

b) Wie viel Beschleunigungsarbeit ist nötig, um die Geschwindigkeit des Autos um $1\frac{\text{m}}{\text{s}}$ etwa auf die innerorts erlaubte Höchtsgeschwindigkeit zu erhöhen?

c) Wie viel Energie verliert das Auto, wenn es auf $12\frac{\text{m}}{\text{s}}$ abbremst, um einem 5-jährigen Einwohner das Überqueren der Straße zu ermöglichen?

F 234: Eine Magnetschwebebahn fahre zunächst auf ebener Strecke mit $35\frac{\text{m}}{\text{s}}$. Am Anfang einer Steigung werde nun ihr Antrieb ausgeschaltet. Bis zu welcher Höhe käme die Bahn auf der ansteigenden Strecke, wenn sie sich reibungsfrei bewegen könnte?

★ **F 236:** Ein PKW der Masse 900 kg bremst auf ebener Fahrbahn aus einer Geschwindigkeit von $30\frac{\text{m}}{\text{s}}$ ab. Während des gesamten Bremsvorganges seien alle Reibungkräfte zwischen Auto und Straße zusammen mit dem Luftwiderstand insgesamt 7000 N groß.

a) Berechne den gesamten Bremsweg bis zum Stillstand mit Hilfe der Beschleunigung!

b) Bestätige Dein Ergebnis durch eine Energiebetrachtung!

c) Nach welcher Strecke hat das Auto seine Geschwindigkeit halbiert?

★ **F 238:** Ein zunächst ruhendes Wägelchen der Masse 450 g wird ohne Reibung auf horizontaler Fahrbahn mit einer gleichbleibenden Kraft von 6 N beschleunigt.

a) Welche Geschwindigkeit hat es nach 50 cm erreicht?

b) Wie lange hat das Wägelchen für diese Strecke gebraucht?

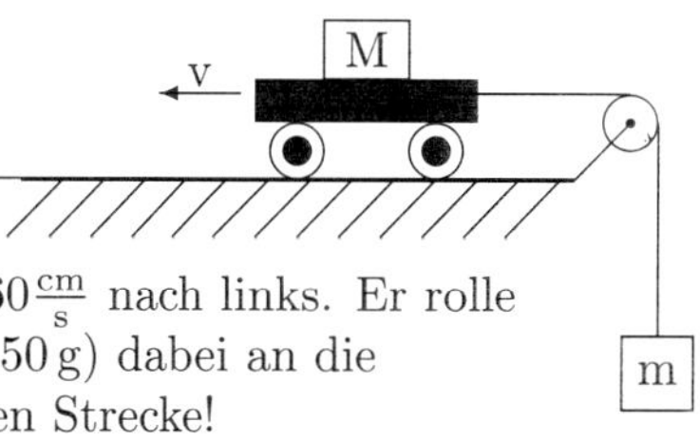

★ **F 240:** Der Wagen (mit Masse $M = 200\,\text{g}$) auf der abgebildeten Fahrbahn fahre zu Beginn der Betrachtung mit einer Geschwindigkeit v von $60\frac{\text{cm}}{\text{s}}$ nach links. Er rolle dann reibungslos aus, ohne dass der anhängende Massestein (mit Masse $m = 50\,\text{g}$) dabei an die (masselose) Rolle stößt. Berechne die Länge der beim Ausrollen zurückgelegten Strecke!

★★ **F 242:** Ein 23 t schwerer LKW soll von 15 auf $20\frac{\text{m}}{\text{s}}$ beschleunigen. Wie lange dauert dies, wenn ...

a) ... der Motor konstant 350 kW leistet? b) ... die Antriebskraft konstant 20 kN beträgt?

c) Bedeutet konstante Antriebskraft auch konstante Antriebsleistung?

★ **F 244:** Ein Körper der Masse m wird aus der Ruhe mit konstanter Leistung P beschleunigt. Zeige, dass mit $k^2 = \frac{2P}{m}$ gilt: $v(t) = k \cdot \sqrt{t}$ und $s(t) = \frac{2}{3}k\sqrt{t}^3$

★ **F 246:** Es soll ein 20 kg schwerer Körper aus der Ruhe gleichmäßig auf $45\frac{\text{m}}{\text{s}}$ gebracht werden. Wie viel Kraft ist erforderlich, um dies ... a) ... in 35 s ... b) ... auf 35 m ... zu schaffen?

c) Wie viel Leistung ist erforderlich, um dies in 35 s zu schaffen?

★ **F 248:** Für welche Werte von x kann man mit x J einen x g schweren Körper von $x\frac{\text{km}}{\text{h}}$ auf $x\frac{\text{m}}{\text{s}}$ bringen?

Impuls

F 300: Berechne den Impuls folgender Körper in der Standardeinheit:

a) 28 cm lange Kokosnuss, $2\frac{1}{2}$ kg schwer, die mit $11\,\frac{\text{m}}{\text{s}}$ auf dem Boden unter einer 23 m hohen Palme aufschlägt

b) 1,3 t schweres Auto mit 105 PS, das um $10\frac{\text{km}}{\text{h}}$ zu schnell durch eine Tempo-30-Zone fährt

★

F 302: Am 2. Juli 1907 erwies sich die Bayerische Dampflokomotive S2/6 beim Ziehen eines 150 Tonnen schweren (aus 4 Waggons bestehenden) Zuges zwischen München und Augsburg als schnellste Dampflokomotive der Welt. Welchen Impuls hatte dieser Zug dabei?

F 304: In einem Experiment der Unfallforschung soll der Impuls eines 1,40 t schweren Schlittens $3500\frac{\text{kg}\cdot\text{m}}{\text{s}}$ betragen. Wie geht das?

★

F 306: Über das Reaktionsprinzip und die Impulserhaltung

a) Formuliere das Reaktionsprinzip ausführlich!

b) Formuliere den Impulserhaltungssatz!

c) Was haben diese beiden Naturgesetze miteinander zu tun?

d) Worin liegt der Unterschied zwischen den beiden Kräften, die im Reaktionsprinzip vorkommen, und zwei Kräften, die ein Kräftegleichgewicht bilden?

★

F 308: Das Produkt aus einer Kraft und ihrer Wirkdauer wird „Kraftstoß“ genannt. Zeige:

a) Übt man auf einen bewegten Körper während einer Zeitspanne Δt eine konstante Kraft F parallel zur Bewegungsrichtung des Körpers aus, so ändert sich sein Impuls um $\Delta p = F \cdot \Delta t$.

b) Die naheliegenden Einheiten für Impulse und Kraftstöße, also $\text{kg} \cdot \frac{\text{m}}{\text{s}}$ und $\text{N} \cdot \text{s}$, stimmen überein.

F 310: Ein 400 kg schweres Weltraumfahrzeug wird 20 s lang mit einer Schubkraft von 300 N beschleunigt. Um wie viel ändert sich sein Impuls dadurch?

F 312: Wie viel Kraft ist nötig, damit sich der Impuls eines Körpers linear um $574\frac{\text{kg}\cdot\text{m}}{\text{s}}$ pro Sekunde ändert?

F 314: Ein 300 g schwerer Apfel fällt von einem Baum 4 m tief frei herab. Berechne seine kinetische Energie und seinen Impuls beim Aufschlag!

F 316: Wie schnell muss ein 40 g schwerer Vogel in 200 m Höhe fliegen, um einen Impuls von $0{,}6\,\text{N}\cdot\text{s}$ zu haben?

★

F 318: Beim Start einer Rakete strömen pro Sekunde 200 kg Verbrennungsgase mit $2500\frac{\text{m}}{\text{s}}$ aus den Motoren nach unten aus. Wie viel Schubkraft ergibt das?

★

F 320: Das 1390 g schwere Strahltriebwerk eines Modellflugzeuges erzeugt bei Vollast eine Schubkraft von 160 N. Dazu bläst es pro Sekunde 380 g Verbrennungsgase nach hinten aus. Mit welcher Geschwindigkeit treten die Verbrennungsgase aus der Düse aus?

★

F 322: Zwei unterschiedlich schwere Körper haben gleich viel Impuls. Welcher hat mehr kinetische Energie?

★

F 324: Welchen Impuls hat eine 3,8 kg schwere Melone 2 s nach Beginn der Zeitmessung, wenn sie sich gemäß $s(t) = 2\,\text{m} + 1\frac{\text{m}}{\text{s}} \cdot t - 2\,\text{m} \cdot \frac{1\,\text{s}}{(t+1\,\text{s})}$ bewegt?

★

F 326: Welchen Impuls hat ein Körper der Masse m, wenn er 5 s lang aus einer Anfangsgeschwindigkeit v_0 heraus mit 75 N beschleunigt wird, wenn:

a) $m = 12\,\text{kg}$ und $v_0 = 0\frac{\text{m}}{\text{s}}$

b) $m = 28\,\text{kg}$ und $v_0 = 0\frac{\text{m}}{\text{s}}$

c) $m = 12\,\text{kg}$ und $v_0 = 10\frac{\text{m}}{\text{s}}$

d) $m = 28\,\text{kg}$ und $v_0 = 10\frac{\text{m}}{\text{s}}$

Stöße

F 380: Zwei Körper mit den Massen $m_1 = 250\,\text{g}$ bzw. $m_2 = 150\,\text{g}$ stoßen vollkommen unelastisch zusammen, wobei $v_1 = 2\frac{\text{m}}{\text{s}}$ und $v_2 = -3\frac{\text{m}}{\text{s}}$ betragen. Berechne:

a) die Impulse vor dem Stoß, einzeln und gesamt

b) die gemeinsame Endgeschwindigkeit

c) die Impulse nach dem Stoß, einzeln und gesamt

d) die gesamte kin. Energie vor und nach dem Stoß

F 382: Auf einem ebenen Gleis einer reibungslosen Modelleisenbahn steht ein Güterwaggon A, wie abgebildet. Von rechts nähert sich diesem Waggon A ein Waggon B mit einer Geschwindigkeit von $12\frac{\text{cm}}{\text{s}}$. Nach dem vollkommen elastischen Zusammenprall bewegt sich Waggon A ($m_A = 400\,\text{g}$, Räder masselos) mit $16\frac{\text{cm}}{\text{s}}$. Wie schnell und in welcher Richtung rollt Waggon B nach dem Stoß?

F 384: Bei vernachlässigbarer Reibung rollt auf einem ebenen Gleis ein 40 t schwerer Waggon mit $80\frac{\text{cm}}{\text{s}}$ gegen einen stehenden 10 t schweren Waggon, dessen Bremsen nicht angezogen sind. Beim Zusammenstoß mögen sich die Waggons aneinander kuppeln. Wie schnell rollt das Gespann nach dem Stoß?

F 386: Ein 57,5 g schwerer Tennisball prallt elastisch mit $10\frac{\text{m}}{\text{s}}$ auf einen ruhenden Volleyball von 276 g.

a) Berechne die Geschwindigkeiten der beiden Bälle danach!

b) Wie viel kinetische Energie geht bei diesem Stoß als solche verloren?

c) Welche Geschwindigkeit müsste der Volleyball anfänglich haben, damit er nachher ruht?

F 388: Elfmeter-Training: Der kraftvoll geschossene 450 g schwere Fußball trifft waagerecht auf den 45 kg schweren Torwart Seppi, der den Ball im Sich-Fallenlassen fängt. Während Seppi den Ball fest vor seinem Bauch umklammert hält, bewegt er sich von der Fallbewegung abgesehen mit $9\frac{\text{cm}}{\text{s}}$ nach hinten. Wie schnell war der Ball?

★

F 390: Was ergeben die Formeln für den elastischen Stoß in folgenden Sonderfällen:

a) Zusammenprall zweier gleich schwerer Körper (z.B. Billardkugeln)

b) leichter Körper prallt auf sehr viel schwereren ruhenden Körper (z.B. Fußball&Erde)

F 392: Eine 63 t schwere Lokomotive der Baureihe 263 rolle ohne Antrieb und Reibung mit $1{,}05\frac{\text{m}}{\text{s}}$ einem 12 t schweren Waggon hinterher, der mit $95\frac{\text{cm}}{\text{s}}$ vor ihr rollt. Welche Geschwindigkeiten hätten Lokomotive und Waggon nach dem Zusammenstoß, wenn ...

a) ... dieser Stoß elastisch erfolgen würde?

b) ... sich die beiden bei diesem Stoß wie bei Modelleisenbahnen zusammenkuppeln würden?

★

F 394: Zur Demonstration von Stoßvorgängen sollen auf einer horizontalen Luftkissenbahn der 50 g schwere Schlitten *„Speedy“* und der 150 g schwere Schlitten *„Heavy“* kollidieren. *„Speedy“* wird mit $60\frac{\text{cm}}{\text{s}}$ nach rechts gestartet. Mit welcher Geschwindigkeit müsste *„Heavy“* anfangs gleiten, damit *„Speedy“* sich nach dem Stoß mit $15\frac{\text{cm}}{\text{s}}$ nach links bewegt, wenn die Schlitten ausgestattet sind mit:

a) selbständig einrastenden Kupplungen

b) federnden Puffern

Wie schnell ist *„Heavy“* in diesen beiden Fällen jeweils nach dem Stoß?

★

F 396: Stelle ein Beispiel eines Stoßes zusammen, bei dem sich sämtliche kinetische Energie der Stoßpartner in nicht-kinetische Formen umwandelt!

★

F 398: Das 4,4 kg schwere Gewehr „G3“ schießt eine Patrone (9,5 g, Kaliber $7{,}62 \times 51\,\text{mm}$) mit $780\frac{\text{m}}{\text{s}}$ ab.

a) Wie schnell würde sich das Gewehr nach dem Schuss nach hinten bewegen, wenn es nicht festgehalten würde?

b) Mit welcher durchschnittlichen Kraft muss der Schütze das Gewehr halten, wenn der Rückstoß etwa 80 ms dauert?

★

F 400: Zeige sowohl für unelastische als auch für elastische Stöße: Bewegen sich beide Stoßpartner vor dem Stoß um v_+ schneller, so liegen auch die Endgeschwindigkeiten nach dem Stoß um v_+ höher.

★★

F 402: Bei einem unelastischen Frontalzusammenstoß zweier Fahrzeuge ist für die Insassen unter anderem wichtig, um wie viel sich die Geschwindigkeit ihres Fahrzeuges bei dem Stoß ändert.

a) Leite eine Formel für die Änderung Δv_1 der Geschwindigkeit des Fahrzeugs Nummer 1 her!

b) Bestätigt die Formel die Einschätzungen, dass der Zusammenstoß für den Fahrer des schwereren oder des schnelleren Fahrzeugs weniger schlimm ist?

★

F 404: Zwei jeweils 77 g schwere Körper Ⓚ und Ⓛ bewegen sich mit den Geschwindigkeitsbeträgen $v_K = 0{,}77\frac{\text{m}}{\text{s}}$ bzw. $v_L = \pi\frac{\text{m}}{\text{s}}$ frontal aufeinander zu.

a) Berechne die Geschwindigkeiten, die die beiden Körper nach einem vollkommen elastischen Zusammenstoß haben werden!

b) Zeige, dass die Masse der Körper für die Endgeschwindigkeiten keine Rolle spielt, solange die beiden Körper nur gleich schwer sind!

★★

F 406: Auf einem waagerecht verlaufenden Gleis stehen zwei zusammengekuppelte Waggons mit den Massen 3 kg und 5 kg. Zwischen den Waggons ist eine starke Feder gestaucht eingeklemmt. Plötzlich löst sich die Kupplung und die Feder treibt die Waggons auseinander. Wie schnell wird der leichtere Waggon, wenn ...

a) ... der schwerere $20\frac{\text{cm}}{\text{s}}$ erreicht?

b) ... die Feder eine Spannenergie von 300 mJ enthielt?

★

F 408: Auf zwei waagerechten, geraden und einander parallelen Schienen können sich zwei Wagen der Massen 1 kg bzw. 1200 g reibungsfrei aneinander vorbei bewegen. Die Wagen mögen sich zu Beginn dieser Betrachtung mit jeweils $2\frac{\text{m}}{\text{s}}$ relativ zu den Schienen aufeinander zu bewegen. Auf dem leichteren Wagen fahre eine Katze der Masse 600 g mit. In dem Moment, in dem die Wagen noch 50 cm voneinander entfernt sind, springt die Katze von ihrem Wagen ab und landet kurz darauf auf dem entgegenkommenden Wagen. Der leichtere Wagen bewegt sich danach nur noch mit $1\frac{\text{m}}{\text{s}}$ in gleicher Richtung wie zuvor weiter.

a) Wie schnell rollt der schwerere Wagen nach der Landung der Katze?

b) Welche Geschwindigkeit hatte die Katze während ihres Sprunges?

c) Vergleiche die kinetischen Energien vor und nach dem Vorgang!

★★

F 410: Eine 20 g schwere Gewehrkugel trifft horizontal mit $600\frac{\text{m}}{\text{s}}$ in einen 70 kg schweren Sandsack und bleibt stecken. Der Sandsack hing zuvor an einem 8 m langen Seil ruhig von der Decke herab. Durch den Schuss wurde der Sack seitlich ausgelenkt.

a) Um wie viel Millimeter höher befindet sich der Sack bei seiner maximalen Auslenkung?

b) Um welchen Winkel wird das Seil maximal ausgelenkt?

c) Wie weit zur Seite schwingt der Sandsack?

★

F 412: In einer Raumstation schwebe ein Teller mit $36\frac{\text{cm}}{\text{s}}$ von links nach rechts. Von rechts kommt ihm ein doppelt so schweres Stück Kuchen mit selber Geschwindigkeit entgegen. Nach der Kollision haftet der feuchte Kuchen am Teller. Wie schnell und in welche Richtung bewegt sich der Teller dann?

Freier Fall

Bei allen folgenden Aufgaben ist vom Luftwiderstand abzusehen.

★

F 460: Als Weg-Zeit-Gesetz für einen freien Fall können z.B. notiert werden:

$s(t) = \frac{1}{2}gt^2$ $\qquad s(t) = -\frac{1}{2}gt^2$ $\qquad s(t) = -\frac{1}{2}gt^2 + h_0$

Zu welchen Bezugssytemen passen diese Gleichungen?

F 462: Beim Decken des Frühstückstisches lässt Harald ein hart gekochtes Ei aus 1,30 Höhe auf den Boden fallen. Mit welcher Geschwindigkeit trifft das Ei auf dem Boden auf?

F 464: Ein Sterntaler werde aus 170 Meter Höhe frei fallen gelassen. Mit welcher Geschwindigkeit trifft er auf dem Boden auf? (Gut, dass im Märchen der Luftwiderstand nicht vernachlässigt worden ist!)

F 466: Wie tief fällt ein frei fallender Sterntaler in den ersten drei Sekunden seines Falls?

F 468: Um wie viel wächst die Geschwindigkeit eines frei zur Erde fallenden Sterntalers während der dritten Sekunde des Falls?

★

F 470: Wie lange braucht ein frei fallen gelassener Sterntaler für den siebten Meter seiner Fallstrecke?

★

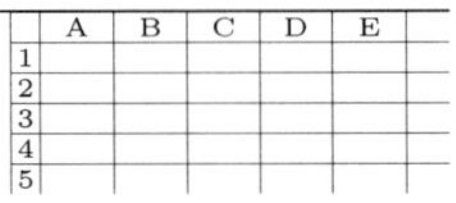

F 472: Ein Körper falle frei aus einer Höhe von 15 m. Fertige ein Diagramm an, das zeigt, in welcher Höhe sich der Körper nach welcher Fallzeit noch befindet! Berechne dazu die gesamte Fallzeit und die Resthöhen zu mindestens fünf verschiedenen Zeitpunkten vor dem Aufschlag!

F 474: Wir schreiben das Jahr 3210. Zur ad-hoc-Bestimmung des Ortsfaktors eines neu entdeckten Planeten stoppt ein Offizier der Sternenflotte dort für einen 4 m tiefen freien Fall 0,7 s. Hilf ihm bitte bei der Auswertung!

F 476: Auf dem Mars wird eine Stahlkugel der Masse 400 g 2 m über dem Boden frei fallen gelassen. Sie trifft mit 3,88 $\frac{\text{m}}{\text{s}}$ auf dem Boden auf. Berechne die „Marsbeschleunigung“!

★

F 478: Auf einem fremden Planeten wird eine Stahlkugel der Masse 600 g 5 m über dem Boden frei fallen gelassen. Sie schlägt mit 3,88 $\frac{\text{m}}{\text{s}}$ auf dem Boden auf. Mit welcher Geschwindigkeit träfe eine Stahlkugel der doppelten Masse aus halber Fallhöhe auf?

★

F 480: Als der 14-jährige Jakob T. aus Pforzheim seine 3. Physik-Arbeit dieses Schuljahres mit der Note *ausreichend* im Stehen zurückbekam, fiel ihm ein Stein vom Herzen.

a) Berechne mit realistischen Schätzwerten, mit welcher Geschwindigkeit der Stein auf dem Boden aufschlug!

b) Auf einem wie hohen Podest hätte Jakob unrealistischerweise stehen müssen, damit der Stein die Schallmauer (340 $\frac{\text{m}}{\text{s}}$) hätte durchbrechen können, wenn der Luftwiderstand nicht wäre?

★

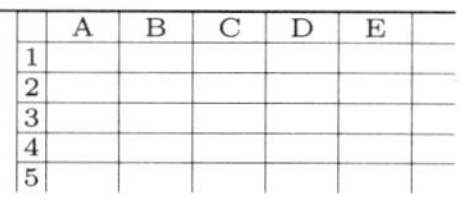

F 482: Oliver stellt bei seinen Physik-Hausaufgaben fest, dass er ziemlich oft berechnen muss, welche Endgeschwindigkeit ein Körper nach bestimmter Falltiefe hat. Um sich zukünftig ein wenig Arbeit zu ersparen, möchte er sich ein Diagramm anlegen, dass für Falltiefen von 0 bis 100 m zeigt, welche Endgeschwindigkeit jeweils erreicht wird. Hilf ihm dabei!

★

F 484: In einem Mathematikbuch für das 6.Schuljahr heißt es:
Um die zerstörende Wirkung des Aufpralls bei einem Unfall zu zeigen, werden manchmal Autos von einem Kran hochgehoben und aus einer bestimmten Höhe fallen gelassen. Soll die Geschwindigkeit des frei fallenden Autos beim Aufprall $x\,\frac{\text{km}}{\text{h}}$ *betragen, so muss man das Auto* $\frac{1}{260} \cdot x^2\,\text{m}$ *hochheben.*
Begründe diese Formel!

★

F 486: Mit wie vielen *miles per hour* trifft ein Körper nach freiem Fall aus 40 yd Höhe auf?

★★

F 488: Angenommen, an einem Hochhaus fiele einem Fenster-Putzer aus 450 m Höhe ein Werkzeug von seiner Bühne herab und der Luftwiderstand sei (völlig unrealistischerweise) vernachlässigbar.

a) Wie lange würde der Fall dauern?

b) Mit welcher Geschwindigkeit schlüge das Werkzeug auf?

c) Der Fensterputzer schreie 3 Sekunden später eine Warnung aus. Wie viel Zeit bliebe einem Passanten auf der Straße noch, um nach dem Hören der Warnung zu reagieren?

d) In welcher Höhe würde der Schall das Werkzeug überholen?

Senkrechter Wurf

F 540: Eine Gewehrkugel wird auf der Erde mit 100 $\frac{\text{m}}{\text{s}}$ senkrecht nach oben geschossen.

a) Berechne mit Hilfe einer Energiebilanz, wie hoch die Kugel steigt!

b) Berechne dasselbe mit Hilfe der Bewegungsgleichungen!

F 542: Mit welcher Geschwindigkeit [$\frac{\text{km}}{\text{h}}$] müsste Michael einen Fußball praktisch vom Boden aus vertikal nach oben kicken, damit der Ball ...

a) ... 5 m hoch steigt?

b) ... 5 s lang fliegt?

F 544: Ein Stein werde aus großer Höhe frei fallen gelassen.

a) Wie lange dauert es, bis er 100 m tief gefallen ist?

b) Wie tief wäre er nach 4,5 s gefallen, wenn man ihn mit 20 $\frac{\text{m}}{\text{s}}$ nach unten abwürfe, statt ihn nur aus der Ruhe fallen zu lassen?

F 546: Sebastian steht nach seinem Sieg in einem Autorennen auf dem Siegerpodest und löst den Korken einer Sektflasche, der daraufhin mit anfänglich 8,50 $\frac{\text{m}}{\text{s}}$ vertikal nach oben schießt. Der Korken landet schließlich auf dem Boden vor dem Podest, 2 m tiefer als er gestartet ist. Berechne ohne Luftwiderstand:

a) Um wie viel Meter steigt der Korken?

b) Wie lange braucht er bis zum höchsten Punkt seines Fluges?

c) Mit welcher Geschwindigkeit trifft er wann auf dem Boden auf?

★

F 548: Nachdem die letzte Fähre vom Mond (Ortsfaktor: $1{,}62\frac{\text{N}}{\text{kg}}$) zur Erde versehentlich ohne den Astronauten Jim X. abgehoben hat, wirft Jim ihr einen Stein hinterher, mit dessen Auftreffen auf der Fähre Jim die Crew der Fähre auf das Versehen aufmerksam machen will. Mit welcher Geschwindigkeit müsste Jim den Stein abwerfen, damit der Stein die noch „parkende“ Fähre in einer Höhe von 50 m oberhalb von Jim …

a) … noch gerade so erreichen kann?

b) … zwecks lautem Aufschlagen mit einer Restgeschwindigkeit von $5\frac{\text{m}}{\text{s}}$ erreichen kann?

F 550: Der Astronaut Edwin springe von der Mondoberfläche mit einer Geschwindigkeit von $2{,}50\frac{\text{m}}{\text{s}}$ in die Höhe. (Ortsfaktor Mond: $1{,}62\frac{\text{N}}{\text{kg}}$)

a) Wie lange dauert sein Flug?

b) Welche Höhe erreicht er?

★

F 552: Der Astronaut Neil springe von der Mondoberfläche mit einer unglaublichen Geschwindigkeit von $3{,}50\frac{\text{m}}{\text{s}}$ in die Höhe. Astronaut Edwin photographiert ihn 2,1 s nach dem Absprung.

a) In welcher Höhe befindet sich Neil auf dem Photo?

b) Mit welcher Geschwindigkeit (Betrag und Richtung) hat sich Neil bei der Aufnahme bewegt?

★

F 554: Unter welcher Bedingung kann ein senkrecht hochgeworfener Körper 5 s lang fliegen und dabei maximal 5 m Höhe erreichen?

★

F 556: Zeige: Auf jedem Planeten dauert der gesamte Flug eines Körpers, der mit $4\frac{\text{m}}{\text{s}}$ nach oben geworfen wird, ebensoviele Sekunden wie Meter an Höhe erreicht werden.

★

F 558: Da sich Gymnasiastin Gunhilde nicht entscheiden kann, ob sie für die Hauptphase der Oberstufe lieber Biologie oder Chemie als Naturwissenschaft wählen soll, wirft sie mit den Worten „Kopf für Bio“ eine 2€-Münze mit $14\frac{\text{m}}{\text{s}}$ vertikal nach oben. Von einem Balkon aus fängt jedoch Mitschülerin Zora die wieder herabfallende Münze in 3 m Höhe oberhalb von Gunhilde mit einer Tasche ab.

a) Bis in welche Höhe ist die Münze hochgeflogen?

b) Wie lange dauerte ihr Fall vom höchsten Punkt bis in Zoras Tasche?

c) Mit welcher Geschwindigkeit flog sie in Zoras Tasche hinein?

★★

F 560: Ein Stein wird von einem Turm aus nahezu vertikal nach oben katapultiert. Den Zusammenhang zwischen seiner Flugzeit t und Flughöhe h über dem Erdboden zeigt nebenstehendes Diagramm.

a) Wie hoch ist der Turm mindestens?

b) Bestimme die Geschwindigkeiten beim Abwurf und bei der Landung!

c) Wann erreichte der Stein welche maximale Höhe?

d) Wann und mit welcher Geschwindigkeit hätte man den Stein vom Boden aus hochschießen müssen, damit er zur selben Zeit dieselbe maximale Höhe erreicht hätte?

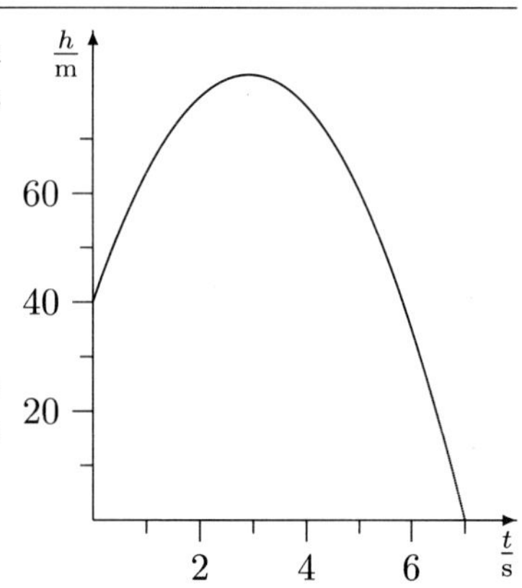

Schiefer Wurf

★

F 620: Hündchen Waldi lernt auf ebenem Gelände das Apportieren: Sein Frauchen wirft ein Bällchen mit $16\frac{\text{m}}{\text{s}}$ unter einem Winkelchen von 30° zur Horizontalen ab. Von Frauchens Körpergröße soll hier abgesehen werden. Wie lange, wie weit und wie hoch fliegt das Bällchen?

★

F 622: Zeige, dass für die maximale Flughöhe h beim Abwurf eines Körpers mit Geschwindigkeit v_0 unter dem Winkel α zur Horizontalen die nebenstehende Formel gilt!

$$h = \frac{v_0^2 \sin^2(\alpha)}{2g}$$

★★

F 624: Angenommen, man würde einen geworfenen Stein stroboskopisch fotografieren. (Man belichtet die Fotoplatte also in gleichen Zeitabständen immer nur für eine ganz kurze Zeit.) Welches der folgenden drei Bilder ergibt sich?

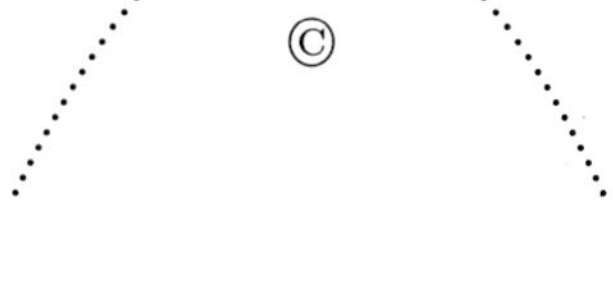

★★

F 626: In einem Dinosaurier-Zoo stehst Du 8 m vor einem 10 m hohen Zaun und möchtest dem Dino auf der anderen Seite eine Walnuss rüber werfen. Berechne eine möglichst wenig anstrengende Kombination aus Abwurfwinkel und -geschwindigkeit, mit der das knapp klappt!

★★

F 628: Bei welchem Abwurfwinkel fliegt ein schief geworfener Körper auf ebenem Gelände am weitesten?

Vermischtes

★

F 680: Von welcher Erhaltungsgröße lässt sich ihre Änderung sofort wie berechnen, wenn für eine konstant auf einen Körper einwirkende Kraft gegeben ist, ...

a) ... wie lange sie wirkt?

b) ... entlang welcher Strecke sie wirkt?

★

F 682: Mit welcher Kraft muss man ein 2400 g schweres und bereits $2\frac{\mathrm{m}}{\mathrm{s}}$ schnelles Wägelchen 800 ms lang in Fahrtrichtung beschleunigen, damit es während dieser Zeit 3 m zurücklegt?

★

F 684: Wie ändert sich die kinetische Energie eines gleichbleibenden Körpers, wenn sein Impuls ...

a) ... halbiert wird?

b) ... um 20% verringert wird?

★

F 686: Welche Geschwindigkeit erreicht der mit 47 t Geschenken beladene und insgesamt 50 t schwere, praktisch reibungsfrei gleitende Schlitten des Weihnachtsmanns bei folgenden Vorgängen auf der zugefrorenen Barentssee nahe Spitzbergen? (Daten des Schlittens: Baujahr 1742, Leergewicht 2,92 t, Spurweite 1435 mm)

a) Der zunächst ruhende Schlitten wird auf einer Strecke von 3 km mit 1000 N beschleunigt. (Diese Arbeit verrichten 4 Rentiere.)

b) Der Schlitten wird aus einer Anfangsgeschwindigkeit von knapp $11\frac{\mathrm{m}}{\mathrm{s}}$ (durch Propeller) 3 min lang mit 1000 N weiter beschleunigt.

★

F 688: Ein 1600 kg schwerer Satellit verfüge über Motoren, die eine Schubkraft von 180 N aufbringen können. Der Satellit fliege zunächst mit einer konstanten Geschwindigkeit von $3074\frac{\mathrm{m}}{\mathrm{s}}$ auf seiner Umlaufbahn.

a) Berechne den Impuls des Satelliten!

b) Berechne die kinetische Energie des Satelliten!

c) Untersuche rechnerisch, ob der Satellit aus eigener Kraft innerhalb von 16 s auf eine um $2\frac{\mathrm{m}}{\mathrm{s}}$ größere Geschwindigkeit beschleunigen kann!

★

F 690: Ein immer wieder gern verwendetes Szenarium im Film ist, dass ein Fahrzeug auf ein Fahrbahnende zu rast, hinter dem ein Sturz in große Tiefe erfolgt, zumindest aber droht. Stelle Dir aus folgenden Varianten eine entsprechende Aufgabe selbst zusammen! (Gib an, welche Variante Du gewählt hast, z.B. (F1) – (G2) – (T1))

- (F1) Die 25,3 t schwere Dampflokomotive eines Wissenschaftlers, der zurück in die Zukunft möchte, fährt unter Volldampf auf eine Schlucht zu, vor der die Gleise enden.
- (F2) Das 1,15 t schwere gestohlene Automobil eines Jugendlichen, der während einer Mutprobe nicht weiß, was er tut, rast auf einen steilen Abgrund zu.
- (F3) (eine von Dir selbst zu beschreibende Variante)

In dem Moment, in dem das – mittlerweile zum Glück führerlose – Fahrzeug den Kontakt zum Boden verliert, ist es { (G1) $41\frac{\mathrm{m}}{\mathrm{s}}$ / (G2) $44\frac{\mathrm{m}}{\mathrm{s}}$ } schnell. Anschließend stürzt es { (T1) 25 m / (T2) 38 m } tief.

Berechne unter Vernachlässigung des Luftwiderstands, mit welcher Geschwindigkeit das Fahrzeug aufschlägt!

★

F 692: *„Mind the Gap, du Depp!“* rief der Schaffner dem Fahrgast noch zu, doch dieser fiel bereits in die 6 m tiefe Schlucht. Mit welcher Geschwindigkeit schlug der Fahrgast auf?

★

F 694: Ein Schnellzug fahre mit $30\frac{\mathrm{m}}{\mathrm{s}}$ auf eine Steigung zu, die einen Höhenunterschied von 20 m überbrückt. Angenommen, der Schnellzug ließe sich ohne Antrieb und Reibung die Steigung hinaufrollen: Wie schnell wäre er anschließend noch?

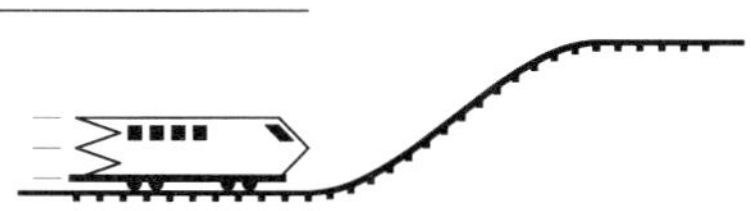

★★

F 696: Es soll irgendeinem ruhenden Körper mit möglichst wenig Energiezufuhr möglichst viel Impuls gegeben werden. Nimmt man besser einen leichten oder einen schweren Körper?

★

F 698: Ein 850 kg schweres Automobil fahre auf waagerechter Straße mit 60 km/h.

a) Wie schnell führe es noch, wenn es 5 s lang mit einer Bremskraft von 1190 N abgebremst würde?

b) Wie groß müsste die Bremskraft sein, damit das Auto nach 30 m stünde?

★

F 700: Wie ändern sich Bremsweg und Bremszeit eines Fahrzeugs auf ebener Straße, wenn jeweils unter sonst gleichen Bedingungen ... gebremst wird?

a) ... mit dreifacher Bremskraft ...

b) ... aus dreifacher Ausgangsgeschwindigkeit ...

★

F 702: Ein Auto beschleunige gleichmäßig in 12,5 s von Null auf 90 km/h.

a) Berechne die Beschleunigung in passender Standard-Einheit!

b) Welchen Weg legt das Auto bei diesem Vorgang zurück?

c) Nach welcher Strecke hat es seine halbe Endgeschwindigkeit erreicht?

★

F 704: Auf einem Gleis einer Modelleisenbahn steht vor einer langen Steigung der 300 g schwere Waggon R. Von links nähert sich der doppelt so schwere Waggon L mit $60\,\frac{\text{cm}}{\text{s}}$ und prallt auf R, wobei sich die beiden Waggons aneinanderkuppeln.

a) Wie schnell bewegt sich das Gespann unmittelbar nach dem Stoß?

b) Wie viel an Höhe könnte der Schwerpunkt des Gespanns idealerweise auf der Steigung gewinnen?

★★

F 706: In einem Labor für ballistische Forschung hängt von der Decke ein 8 kg schwerer Sandsack an einer 6,21 m langen Leine herab. Es soll die Geschwindigkeit eines 10 g schweren Projektils bestimmt werden, das aus waagerechter Richtung in den Sack geschossen wird. Der Sack wird beim Eindringen des Projektils $74{,}9\,\frac{\text{cm}}{\text{s}}$ schnell.

a) Diese Geschwindigkeit haben die Forscher bereits aus dem Winkel errechnet, um den die Leine beim Pendeln des Sandsacks maximal ausgelenkt worden ist. Welchen Wert hatte man für diesen Winkel gemessen?

b) Welchen Wert wird man für die Geschwindigkeit des Projektils weiter berechnen?

★★★

F 708: Ein Geschoss der Masse $m = 10$ g trifft mit der Geschwindigkeit v auf einen anfangs ruhenden Holzklotz der Masse $M = 10$ kg. Dieser Klotz ist über eine Feder mit Federkonstante $D = 200\,\frac{\text{N}}{\text{m}}$ an einer Wand befestigt und kann (auf Rädern vernachlässigbarer Masse) reibungsfrei auf einer waagerechten Fahrbahn rollen. Das Geschoss bleibt (praktisch sofort) im Holz stecken. Die Feder wird durch den Schuss maximal um $s = 20$ cm gestaucht. Berechne die Anfangsgeschwindigkeit v des Geschosses!

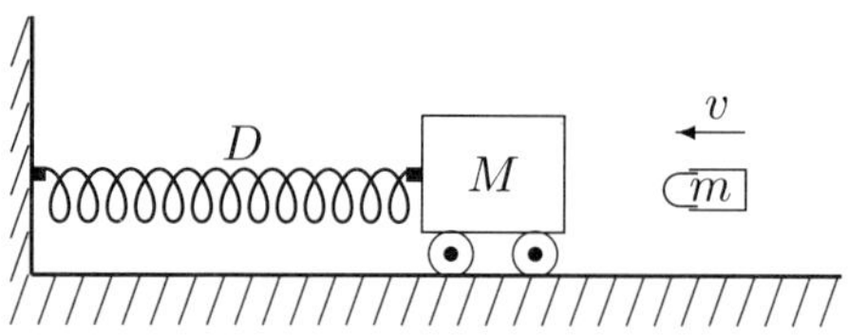

★

F 710: Ein 344 t schwerer Jumbojet wird zum Start aus dem Stand innerhalb einer Minute auf die zum Abheben nötige Geschwindigkeit von $243\,\frac{\text{km}}{\text{h}}$ beschleunigt.

a) Wie viel Kraft üben die Triebwerke dazu insgesamt aus?

b) Wie lang sollte die Startbahn mindestens sein?

c) Berechne auf zwei Arten: Wie viel kinetische Energie hat das Flugzeug beim Abheben?

★

F 712: Auf der Autobahn A7 fällt 170 m vor einem 1200 kg schweren gelben Personenkraftwagen (Baujahr 2007) plötzlich eine Mautbrücke auf die Fahrbahn. Schon nach einer halben Schrecksekunde tritt der 22-jährige Fahrer des $144\,\frac{\text{km}}{\text{h}}$ schnell fahrenden Autos auf dessen Bremspedal, wodurch eine konstante Bremskraft auf das Fahrzeug ausgeübt werde.

a) Wie groß sollte diese Bremskraft im Interesse des Fahrers mindestens sein?

b) Wie lange dauert die Bremsung bei dieser Bremskraft?

★

F 714: Ein 5600 t schwerer Güterzug soll auf ebener Strecke von der Geschwindigkeit $36\,\frac{\text{km}}{\text{h}}$ innerhalb von 2 min gleichmäßig auf $54\,\frac{\text{km}}{\text{h}}$ beschleunigt werden.

a) Wie viel Kraft ist dazu erforderlich? (ohne Reibung)

b) Welche Strecke legt der Zug bei diesem Vorgang zurück?

★★

F 716: Ein Fadenpendel besteht aus einem 80 cm langen Faden und einer 80 g schweren Stahlkugel. Bei ruhendem Pendel (dünn gezeichnet) wird unmittelbar rechts neben die Kugel ein 200 g schweres stählernes Wägelchen gestellt, das auf seiner horizontalen Unterlage reibungsfrei rollen könne. Über eine schließlich horizontal gespannte Schnur wird die Kugel dann so weit nach links augelenkt, dass das Fadenpendel um φ ausgelenkt ist. (dick gezeichnet) Nun wird diese Schnur durchgebrannt. Kurz darauf prallt der Pendelkörper mit $39{,}077\frac{\mathrm{cm}}{\mathrm{s}}$ vollkommen elastisch auf das Wägelchen.

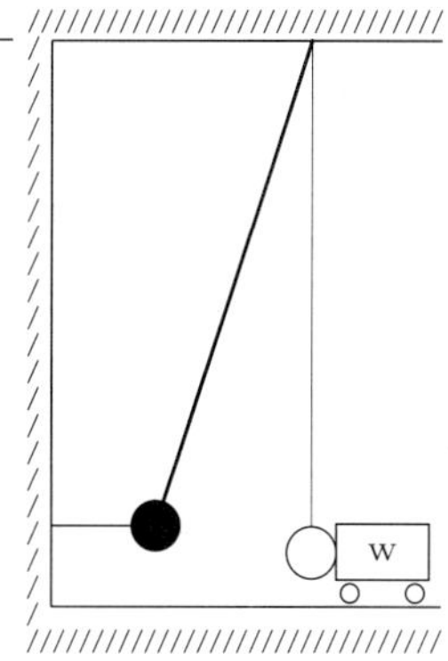

a) Berechne φ und die beiden Seilkräfte vor dem Durchbrennen!

b) Welche Geschwindigkeiten haben die Kugel und das Wägelchen unmittelbar nach ihrem Zusammenstoß?

c) Welchen Auslenkungswinkel erreicht das Fadenpendel beim Zurückschwingen nach dem Stoß wieder?

★★

F 718: Ab dem selben Moment, in dem vom oberen Ende eines Fahrstuhlschachtes (200 m über dem Erdgeschoss) eine Schraube frei herabfällt, fährt vom Erdgeschoss aus ein 500 kg schwerer Fahrstuhlkorb mit konstant $5\frac{\mathrm{m}}{\mathrm{s}}$ nach oben. In welcher Höhe und mit welcher Geschwindigkeit trifft die Schraube auf den Fahrstuhlkorb?

★★

F 720: Der Krug geht bekanntlich so lange zum Brunnen, bis er bricht. Heinrich lässt eine Scherbe des zerbrochenen Kruges in den Brunnen hineinfallen. Der Wasserspiegel liege 78,50 m unter dem Brunnenrand.

a) Wie lange dauert der freie Fall der Scherbe?

b) Mit welcher Geschwindigkeit schlägt sie auf dem Wasser auf?

c) Wie spät nach dem Loslassen würde Heinrich den Aufschlag hören?
Schallgeschwindigkeit in Luft: $340\frac{\mathrm{m}}{\mathrm{s}}$

d) Welchen Bruchteil der Endgeschwindigkeit hätte die Scherbe nach der halben Fallzeit / Fallstrecke erreicht?

e) In welcher Tiefe befände sich die Scherbe nach 2 s, wenn Heinrich sie mit $5\frac{\mathrm{m}}{\mathrm{s}}$ senkrecht nach oben abwürfe statt sie nur fallen zu lassen?

★

F 722: Wie viel Energie ist nötig, um auf dem Sportplatz ein 200 g schweres Bällchen so hoch zu werfen, dass es π s lang fliegt?

★

F 724: Beim Elfmeter-Training steht der 45 kg schweren Torwart Seppi dieser Aufgabe zuliebe auf reibungslosen Rollschuhen im Tor. Einen mit $9\frac{\mathrm{m}}{\mathrm{s}}$ waagerecht auf ihn zu fliegenden Fußball (450 g) wehrt er so ab, dass der Ball mit $2{,}5\frac{\mathrm{m}}{\mathrm{s}}$ zurückfliegt. Wie schnell rollt Seppi ins Tor?

★

F 726: Schon als kleiner Junge konnte Wyatt E. aus I. im Kindergarten sein Taschengeld durch seine Schießkunst aufbessern, indem er ziemlich oft folgende Wette gewann:
„Gib mir eine Viertel-Dollar-Münze. Ich werfe sie mit $15\frac{\mathrm{m}}{\mathrm{s}}$ senkrecht nach oben. Eine Sekunde später schieße ich mit meiner Wasserpistole einen Wassertropfen mit $20\frac{\mathrm{m}}{\mathrm{s}}$ hinterher. Kommt die Münze nass zurück, behalte ich sie. Ist sie trocken, gebe ich Dir einen ganzen Dollar.“
In welcher Höhe wurde die Münze meistens nass?

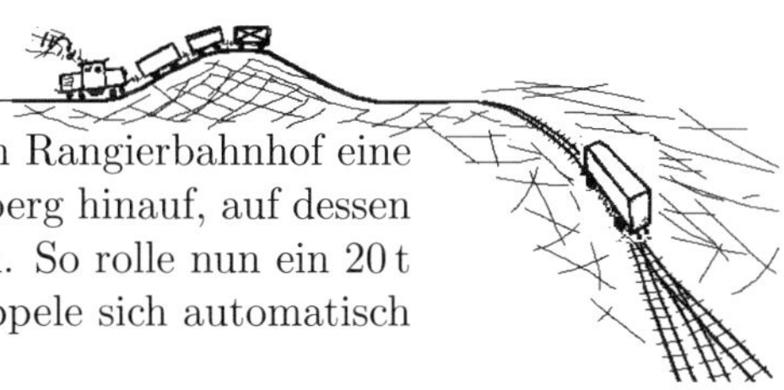

★★

F 728: Zum Zusammenstellen von Güterzügen schiebt auf einem Rangierbahnhof eine Lokomotive die Waggons (im Bild von links) einen 2 m hohen Ablaufberg hinauf, auf dessen anderer Seite die Waggons einzeln herab in die richtigen Gleise rollen. So rolle nun ein 20 t schwerer Waggon auf einen 16 t schweren stehenden Waggon und kuppele sich automatisch an. Wie schnell rollen die beiden nun weiter?

(K) Kreisbewegung

Beschreibung von Kreisbewegung

K 2: Thekla hat eine 7 cm hohe Champagnercreme-Torte mit 26 cm Durchmesser gebacken. Auf der Oberseite der Torte hat sie zur Verzierung in 2 cm Abstand am Rand entlang eine dünne Linie aus Schokoladenglasur aufgespritzt. Da sie die Torte später in 16 gleich große Stücke schneiden will, verteilt sie auch 16 Marzipan-Röschen gleichmäßig auf dieser Schoko-Linie.

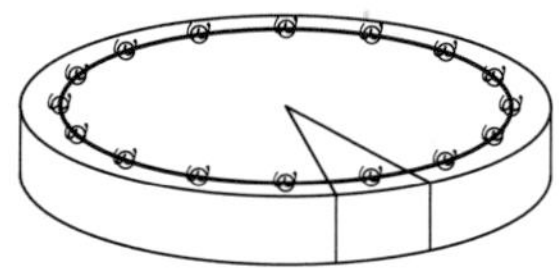

a) Wie weit sind die Mittelpunkte zweier benachbarter Röschen voneinander entfernt?

b) Wie lang wird der Schoko-Linien-Abschnitt auf jedem Stück?

c) Der Hobby-Mathematiker Friedrich möchte von der Torte gerne „mindestens einen Sektor vom Bogenmaß 1“ essen. Wie viele Stücke meint er damit?

K 4: Ein 4,90 m langes Auto habe 4 Räder mit einem Durchmesser von 50 cm und fahre mit $30\frac{\text{km}}{\text{h}}$ durch eine 3 m breite Gasse durch Ottawa.

a) Wie viele Umdrehungen macht jedes Rad pro Sekunde?

b) Berechne die Winkelgeschwindigkeit der Drehung eines Rades!

c) Wo liegt Ottawa?

K 6: Der 35 kg schwere Anker eines 75 m langen Schiffs werde mit Hilfe einer 2 Jahre alten Winde von 80 cm Durchmesser eingeholt. Die Winde drehe sich zum Aufwickeln der vernachlässigbar dicken Kette 12 mal in einer halben Minute.

a) Mit welcher Geschwindigkeit kommt der Anker nach oben?

b) Wie viele Drehungen sind für die 80 m lange Kette erforderlich?

c) Um wie viel Grad dreht sich die Winde pro Sekunde?

K 8: Es regnet. Jens schaut aus einem Fenster im 3.Stock auf ein Kind mit Regenschirm auf dem Bürgersteig herab. Zum Spaß lässt das Kind den Schirm rotieren, so dass die Wassertropfen seitlich vom Rand des Schirms wegspritzen. Zeichne in nebenstehendes Bild einige Bahnen dazu, auf denen Jens die Wassertropfen wegspritzen sieht!

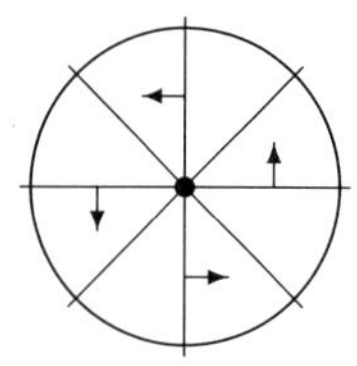

★

K 10: Das große Zahnrad an der Tretkurbel eines Fahrrades habe einen Radius von 8 cm, das Ritzel am Hinterrad 10 cm Durchmesser. Das Hinterrad selbst habe einen Umfang von 2 m. Jan braucht auf einer ansteigenden Strecke zum Niedertreten eines Pedals immer genau eine Sekunde. Wie schnell fährt Jan?

★

K 12: Ein Zirkuspferd trabt mit $0{,}8\frac{\text{m}}{\text{s}}$ in der xy-Ebene, wobei es eine 30 m lange Leine gespannt hält, mit der es an einen Pfosten im Ursprung angebunden ist. Gerade überquert es die x-Achse in positiver y-Richtung. Wann kommt das gute Tier im Ursprung an, wenn im Punkt $(0|-15\,\text{m})$ ein Baum steht?

★★

K 14: Trotz der Ermahnung, nicht mit dem Essen zu spielen, bindet Gustav eine Kartoffel an eine 120 cm lange Schnur und schleudert sie mit 35 Umdrehungen pro Minute auf einem vertikalen Kreis mit 2,50 m Durchmesser. Der Mittelpunkt des Kreises befinde sich 1,50 m über dem Erdboden. Leider löst sich die Kartoffel in einer der mit ∘ bzw. • markierten Stellen. Beschreibe jeweils die weitere Bewegung der Kartoffel und berechne unter Vernachlässigung des Luftwiderstandes jeweils, mit welcher Geschwindigkeit sie schließlich auf den Boden trifft!

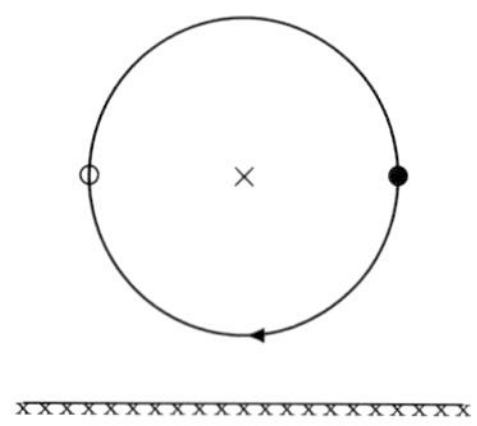

★★

K 16: Aufgrund der Erdrotation bewegen sich alle Menschen von eigenen Bewegungen abgesehen auf Kreisbahnen. Welche Bahngeschwindigkeiten hatten Albert Schweitzer 1913 in Lambaréné und Albert Einstein 1955 in Princeton (New Jersey) etwa?

★★

K 18: Ein Körper bewege sich mit einer Winkelgeschwindigkeit von 6π Hz auf einem Kreis in der x-y-Ebene. Gib für die folgenden Fälle jeweils Gleichungen für die zeitliche Entwicklung der x- und der y-Koordinate an! (Alle Koordinaten sind in der Einheit m gegeben.)

	Mittelp.	Start	
a)	Ursprung	(8|0)	↻
b)	Ursprung	(8|0)	↺
c)	(2|3)	(6|3)	↻
d)	(0|0)	(3|4)	↻
e)	(0|0)	(0|1)	↺

K 20: Die folgende Tabelle soll die Kreisbewegung eines Körpers beschreiben. Im oberen Teil sind einige Größen vorgegeben. Die Zeilen darunter enthalten bisher nur ein Größensymbol. Ergänze pro Zeile jeweils:

- den Namen der Größe, die mit dem Symbol in diesem Zusammenhang üblicherweise bezeichnet wird
- eine Formel, wie diese Größe aus Größen errechnet werden kann, die weiter oben stehen
- den Wert dieser Größe gemäß der Daten oberhalb

Name der Größe	Symbol	=	Formel	=	Wert
Durchmesser	d	=			9 cm
Frequenz	f	=			40 Hz
	r	=		=	
	T	=		=	
	ω	=		=	
	v	=		=	
	a	=		=	

★

K 22: Wann holt der Minutenzeiger den Stundenzeiger das nächste Mal ein?

★★

K 24: Gib für Stunden- und Minutenzeiger die Funktion an, die zu jedem Zeitpunkt (als Angabe der Minuten seit Mitternacht) die Winkelstellung des Zeigers (als Drehwinkel seit Mitternacht) angibt! Berechne mit Hilfe dieser Funktionen den ersten Zeitpunkt nach 15 Uhr, zu dem beide Zeiger in die gleiche Richtung weisen!

Zentripetalkraft

K 80: Wie viel Kraft braucht man, um einen 3 kg schweren Körper bei 5 Umdrehungen pro Sekunde auf einer Kreisbahn von 1,20 m Durchmesser zu halten?

K 82: Der zunächst stillstehende Rotor eines Hubschraubers habe 4,90 m lange Blätter. An der Spitze eines Rotorblattes hafte ein 1,2 g schweres Häufchen eingetrockneten Vogelkotes. Nun werde der Hubschrauber gestartet und sein Rotor auf 420 Umdrehungen pro Minute gebracht.

a) Berechne die erreichte Drehfrequenz in der Einheit Hertz!

b) Wie viele Meter legt eine Rotorblattspitze nun pro Sekunde zurück?

c) Wie groß ist die Zentripetal-Beschleunigung der Rotorspitzen nun?

d) Bei welcher Drehzahl ist der Vogelkot spätestens fortgeschleudert worden, wenn er nur mit maximal 3 N haften konnte? (Tatsächlich löste er sich wegen des Luftwiderstandes schon früher.)

K 84: Um Unwuchten an Autoreifen auszugleichen bringt man an der Felge Ausgleichsgewichte aus Blei an. Es werde ein Bleistückchen von 20 g betrachtet, das an einer Felge mit einem Radius von 16 cm angebracht ist. Während einer Autobahnfahrt drehe sich die Felge 20 mal pro Sekunde. Berechne die Zentripetalkraft, die das Bleistückchen an der Felge hält!

K 86: Älteren Atomvorstellungen zufolge wird in einem Wasserstoffatom das Hüllenelektron allein durch elektrostatische Anziehung auf einer Kreisbahn um den Atomkern gehalten. Für einen Umlauf in 10^{-10} m Entfernung vom Atomkern beträgt diese Anziehungskraft nach dem Coulombschen Kraftgesetz $2{,}307 \cdot 10^{-8}$ N. Mit welcher Frequenz müsste das Elektron dabei umlaufen?

★

K 88: Erkläre, inwiefern es günstig ist, eine 180°-Kurve entlang der gepunkteten Linie wie nebenstehend dargestellt zu durchfahren!

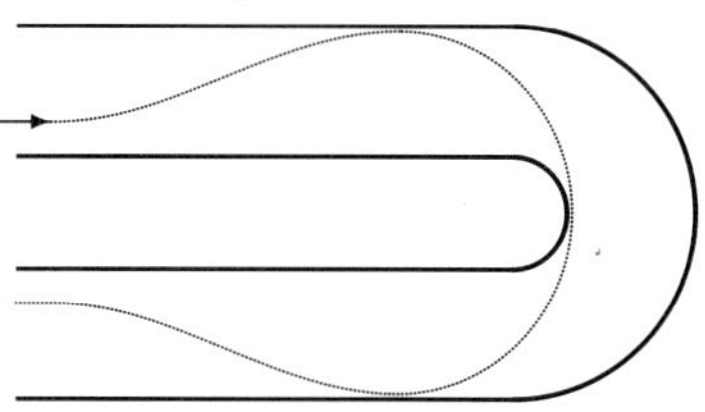

K 90: wie Aufgabe K20

Größe	Symbol	=	Formel	= Wert
Radius	r	=		7 cm
Umlaufzeit	T	=		50 ms
Masse	m	=		85 g
	U	=		=
	f	=		=
	ω	=		=
	v	=		=
	a	=		=
	F	=		=

K 92: Waschmaschine I
Beim Schleudern drehe sich die Trommel (mit 20 cm Radius) einer 230 kg schweren Waschmaschine 1400 mal pro Minute. Ein 100 g schweres Tuch liege vollständig an der Trommelwand an.

a) Mit wie viel Kraft drückt das Tuch gegen die Trommelwand, wenn man von seinem Gewicht absieht?

b) Wie viel kinetische Energie besitzt das Tuch?

⋆ **K 94:** Waschmaschine II
Eine Waschmaschine mit nur 12 Waschläppchen darin beginnt zu schleudern. Sie erhöhe die Drehzahl ihrer Trommel (Durchmesser 50 cm) aus dem Stillstand innerhalb von 40 s bis auf 1200 Umdrehungen pro Minute. Ab welcher Drehzahl (anzugeben in Umdrehungen pro Minute) bleiben die Waschläppchen die ganze Zeit an der Trommelwand?

⋆ **K 96:** Auf einem Spielplatz steht eine waagerechte Drehscheibe mit 4 m Durchmesser. Ein paar physikalisch interessierte Kinder stellen zunächst viele gleichartige Plastikflaschen auf der ganzen Scheibe verteilt auf. Dann versetzen sie die Scheibe ruckfrei in Drehung und steigern ihre Drehzahl vorsichtig. Jede Flasche kippt nach außen um, wenn die Zentripetalbeschleunigung $3\frac{\mathrm{m}}{\mathrm{s}^2}$ übersteigt.

a) Bei wie viel Umdrehungen pro Minute fallen die ersten Flaschen?

b) Wo stehen bei 20 Umdrehungen pro Minute noch Flaschen?

c) Wer räumt die Flaschen anschließend weg?

⋆ **K 98:** Eine Schleifscheibe mit 11,5 cm Durchmesser drehe sich 160-mal pro Sekunde frei in der Luft. Dabei löse sich leider ein 20 mg schweres Krümelchen am äußeren Rand der Scheibe.

a) Skizziere, in welche Richtung das Krümelchen wegfliegt!

b) Wie viel Kraft war nötig, um das Krümelchen abzulösen?

c) Wie viel Bewegungsenergie hat das Krümelchen beim Wegfliegen?

⋆ **K 100:** Auf einer Compact Disc (CD) sind die Daten in einer spiraligen Datenspur von innen nach außen aufgezeichnet. Wegen des sehr geringen Windungsabstandes von nur 1,6 µm kann jede Windung als Kreis angesehen werden.

a) Beim Abspielen einer Musik-CD drehe sich die CD stets gerade so schnell, dass die Lesevorrichtung 1,2 m der Datenspur pro Sekunde ablesen kann. Wie viele Umdrehungen Pro Minute (UPM) macht die CD, wenn am Ende der Datenspur am äußeren Rand der CD, 57 mm von der Mitte entfernt, gelesen wird?

b) In einem schnellen CD-Laufwerk erreicht die eingelegte CD Geschwindigkeiten bis zu 10000 UPM. Angenommen, man macht den Fehler, 55 mm von der CD-Mitte entfernt ein 0,1 g schweres Etikett auf die CD zu kleben, wobei für diese Aufgabe die räumliche Ausdehnung des Etikettes vernachlässigbar sein soll. Wie viel Kraft übt dieses Etikett bei voller Geschwindigkeit auf die Antriebsspindel des Laufwerkes aus?

★

K 102: Über einen Vorfahren von Music-CDs: Eine Langspielplatte (LP) ist eine Kunststoffscheibe ($\oslash = 30\,\text{cm}$) mit beiderseits jeweils einer spiralförmigen Rille zur Aufzeichnung akustischer Information in Form eines quasi eingravierten Wellenmusters in der Rille. Beim Abspielen rotiert die Platte mit $33\frac{1}{3}$ Umdrehungen pro Minute, während eine feine Nadel am Ende eines schwenkbaren Tonarmes in der Rille geführt und dabei gemäß deren Wellenmuster in Schwingung versetzt wird. Diese bereits hörbaren Schwingungen können verstärkt auf einen Lautsprecher übertragen werden.

a) Berechne in der Einheit Hertz die Drehfrequenz und die Winkelgeschwindigkeit beim Abspielen!

b) Welchen Abstand haben die Windungen der Rille höchstens, wenn das Abspielen 39 min dauert und die Rille nur bis auf 4 cm an den Mittelpunkt heranreicht?

c) Wie viele Zentimeter der Rille tastet die Nadel pro Sekunde ab, wenn sie gerade 14 cm von der Drehachse entfernt steht?

d) Eine Ameise ist auf die Platte gefallen und sitzt nun leicht verängstigt 5 mm vom Rand entfernt auf der Platte. Gib Betrag und Richtung der Beschleunigung an, die das Tier erlebt!

★★

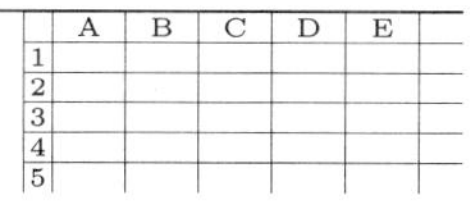

K 104: Ein Körper mit 4 kg Masse umkreise an einer 5 m langen Schnur mit $7{,}071\,\frac{\text{m}}{\text{s}}$ eine Haltevorrichtung. Schwerkraft und Reibung spielen keine Rolle.

a) Mit wie viel Kraft muss die Haltevorrichtung die Schnur halten?

b) Die Vorrichtung zieht nun den Körper langsam immer näher zu sich. Begründe, dass sich die Bahngeschwindigkeit dadurch nicht ändert!

c) Stelle in einem Diagramm dar, wie die nötige Haltekraft der Vorrichtung vom Abstand des umlaufenden Körpers abhängt!

★★

K 106: Carlo Carrera hat zu Weihnachten eine Autorennbahn geschenkt bekommen. Es sind sogar geeignete Fahrbahnteile zum Bau eines Loopings dabei. Carlo fragt sich (eigentlich: Dich) nun: Wie schnell muss ein Autochen mindestens sein, damit es auch im höchsten Punkt des Loopings Kontakt zur Fahrbahn hält?

★

K 108: Man kann mit seinem eigenen Arm einen Eimer Wasser so schnell auf einem vertikalen Kreis schleudern, dass auch im höchsten Punkt der Bahn trotz nach unten gedrehter Öffnung des Eimers kein Wasser ausläuft. Berechne mit Schätzwerten, wie lange eine solche Umdrehung höchstens dauern darf!

★

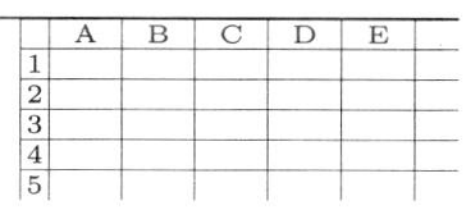

K 110: Auf eine schnell rotierende Antriebswelle wird in 7 cm Abstand von der Drehachse ein 1,8 g schweres Schildchen aufgeklebt, wobei der Kleber das Schildchen maximal mit einer bestimmten Kraft F hält. Stelle in einem Diagramm dar, bis zu welcher Drehzahl das Schildchen je nach Wert von F im Bereich $0\,\text{N} \ldots 5\,\text{N}$ hält!

★

K 112: Eine Achterbahn habe eine Loopingstrecke in Form eines Kreises mit 7 m Radius.

a) Wie schnell sollte ein Wagen im obersten Punkt der Bahn sein um nicht den Kontakt zu seinen Führungsschienen zu verlieren?

b) Wie groß ist die Zentripetalkraft auf einen 490 kg schweren Wagen, der gerade mit $10\,\frac{\text{m}}{\text{s}}$ durch das Looping fährt?

c) In welche Richtung wirkt die Zentripetalkraft?

★

K 114: Eine „Himalaya"-Bahn ist ein Karussell aus einzelnen Wagen, wie nebenstehend in Draufsicht skizziert. Die Wagen sitzen auf jeweils einem eigenen Stahlträger zwischen dem Motor in der Mitte der Bahn und einem Rad auf der Außenseite des Wagens. Das Rad läuft auf einer Schiene mit Berg- und Talabschnitten, und die Stahlträger sind nach oben/unten schwenkbar, so dass die Wagen dem Höhenprofil der Schiene folgen können. Von den Höhenänderungen soll in dieser Aufgabe jedoch vollständig abgesehen werden. Eine Runde dauere vier Sekunden. Damit die Bahn auch von Fahrgast-Pärchen (⊗ ⊗) genutzt werden kann, ist jeder Wagen mit einer für zwei erwachsene Personen ausreichend langen Sitzbank ausgestattet. Hält sich ein 60 kg schwerer Fahrgast auf dem inneren Sitzplatz fest, benötigt er dazu eine gewisse Kraft F_i. Auf dem äußeren Platz ist F_a nötig.

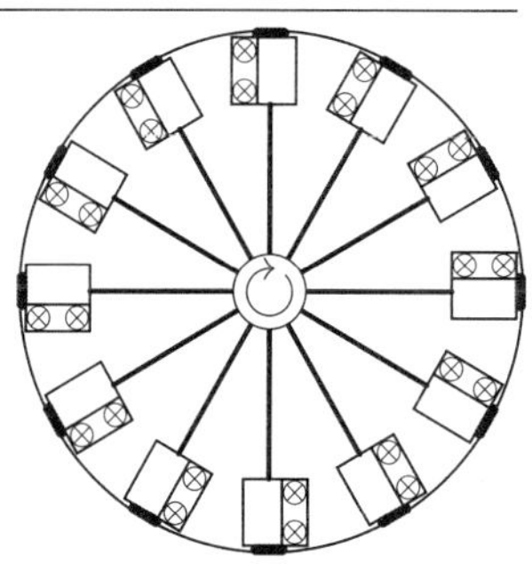

Vergleiche die beiden Kräfte für den Fall, dass die Sitzplätze einen Meter voneinander entfernt sind!

★★

K 116: Eine beliebte Attraktion auf Jahrmärkten ist hier am Rand abgebildet: Die Fahrgäste stellen sich zunächst auf eine waagerechte große Scheibe, mit dem Rücken an die Innenseite der Seitenwand der Scheibe. Die Scheibe wird in Drehung versetzt und bei ausreichender Geschwindigkeit schließlich in die abgebildete vertikale Lage aufgerichtet. Es stehe nun eine 80 kg schwere Person 3 m von der Drehachse entfernt.

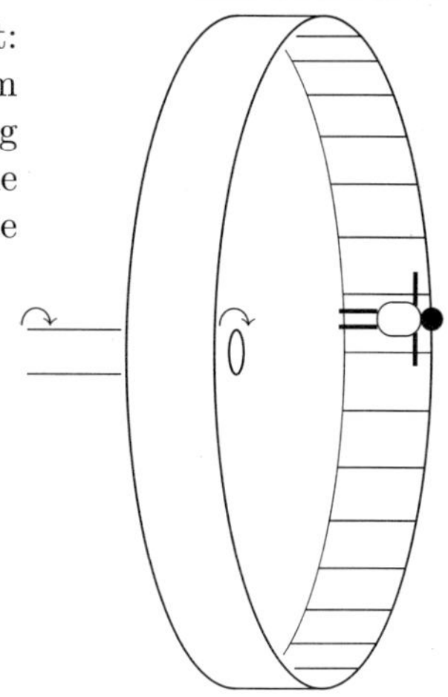

a) Mit wie vielen Umdrehungen pro Minute sollte die Scheibe im Interesse der Person mindestens rotieren?

b) Die Scheibe rotiere nun mit 20 Umdrehungen pro Minute. Berechne die Kraft, mit der die Person gegen die Wand drückt, wenn die Person gerade „bei 12 Uhr“, „bei 3 Uhr“ und „bei 6 Uhr“ steht! (d.h. ganz oben, genau in Höhe der Drehachse bzw. ganz unten)

c) Beschreibe alle auf die Person einwirkenden Kräfte, wenn sie gerade „bei 10 Uhr“ steht!

★★

K 118: Die für das Jahr 3152 geplante interstellare Raumstation *Rotaros XP* hat die Form eines 3,2 km hohen Hohlzylinders mit einem Innendurchmesser von 700 m. Die Station soll sich gerade so schnell drehen, dass sich die 110-köpfige Besatzung auf der Innenseite der Zylinderwand wie auf der Erdoberfläche bewegen kann, dass also die Zentripetalbeschleunigung genau der Erdbeschleunigung entspricht.

a) Wie lange dauert eine Umdrehung von *Rotaros XP* idealerweise?

b) Die Abfälle der Raumstation werden durch eine Schleuse durch die Zylinderwand nach außen fallen gelassen. Beschreibe die weitere Bewegung des Mülls!

c) Nach dem letztem Update der Steuerungssoftware ist die Drehfrequenz leider um 15% gestiegen. Welche Auswirkung hat dies auf das scheinbare Gewicht der Besatzung?

★★

K 120: Den Ortsfaktor kann man bekanntlich messen, indem man einen Probekörper bekannter Masse an eine Federwaage hängt und die angezeigte Kraft durch die Masse des Probekörpers dividiert. Man erhält so am 40000 km langen Äquator $9{,}78\frac{\mathrm{N}}{\mathrm{kg}}$ und im Saarland ($49\frac{1}{2}^\circ$ nördliche Breite, 7° östliche Länge) $9{,}81\frac{\mathrm{N}}{\mathrm{kg}}$.

a) Welchen Wert erhielte man am Äquator ohne die Erddrehung?

b) Wie groß ist die Zentritpetalbeschleunigung bei uns im Saarland?

c) In welche Richtung weist der Ortsfaktor bei uns?

d) Wie groß wäre ohne Erddrehung der Ortsfaktor im Saarland?

★★

K 122: Bei der Verfilmung einer Verfolgungsjagd in einem Western verfolgt die Kamera vom Wegesrand her eine fahrende Kutsche, so dass vor allem die großen Räder der Kutsche gut im Bild sind. Jedes Rad hat einen Durchmesser von 90 cm und 12 Speichen. Zu Beginn der Szene drehe sich jedes Rad 250mal pro Minute. Die Kamera nimmt pro Sekunde zu 25 einzelnen Zeitpunkten ein Bild auf.

a) Berechne in der Einheit Hertz die Drehfrequenz und die Kreisfrequenz eines Rades!

b) Wie schnell fährt die Kutsche?

c) Welchen Betrag und welche Richtung hat die Beschleunigung, die ein Holzwürmchen aufgrund der Rotation erfährt, wenn es sich gerade 30 cm vom Rand des Rades entfernt durch eine Speiche frisst?

d) Um wie viele Speichen dreht sich das Rad von Bild zu Bild weiter? Welcher Eindruck entsteht beim Filmzuschauer dadurch?

e) Gegen Ende der Szene legt die Kutsche einen Zahn zu und erhöht ihre Geschwindigkeit dabei um 49%. Welchen Eindruck bekommt ein Filmzuschauer bei dieser erhöhten Geschwindigkeit?

★

K 124: Ein Motorrad hat Räder mit einem Umfang von 1,50 m und fährt mit $9\frac{\mathrm{m}}{\mathrm{s}}$ auf einem kreisförmigen Parcours mit 20 m Radius.

a) Wie oft dreht sich jedes Rad des Fahrzeugs pro Minute?

b) Wie lange dauern $5\frac{1}{2}$ Runden auf dem Parcours?

c) Mit welcher Winkelgeschwindigkeit umkreist der Motorradfahrer den Mittelpunkt des Parcours?

d) In welche Richtung wirkt die Zentripetalkraft auf den Fahrer?

★

K 126: Ein Zahnrad mit 120 Zähnen habe einen Durchmesser von 30 cm und mache 4 Umdrehungen pro Sekunde.

a) Wie lange braucht das Rad, um sich um 9 Zähne weiterzudrehen?

b) Wie viel Meter Kette laufen pro Sekunde über das Rad?

c) Durch die Drehung werde überschüssiges Öl von der geschmierten Drehachse am Zahnrad entlang nach außen geschleudert, so dass das Zahnrad dauernd mit einem frischen Ölfilm überzogen ist. (Vom Rand kann das Öl auf die Kette übergehen oder einfach wegspritzen.) Berechne die Zentripetalbeschleunigung, die ein Staubkörnchen erfährt, das im Ölfilm am Rand des Zahnrades haftet!

d) Welche Richtung hat diese Zentripetalbeschleunigung?

K 128: Die etwa $6 \cdot 10^{24}$ kg schwere Erde bewegt sich näherungsweise in einem Abstand von 150 Millionen Kilometer auf einer Kreisbahn um die Sonne. Ein Umlauf dauert circa $365\frac{1}{4}$ Tage.

a) Berechne die Bahngeschwindigkeit der Erde!

b) Wie groß ist die Zentripetalbeschleunigung dieser Erdbewegung? Vergleiche mit dem Ortsfaktor $g = 9{,}81\,\frac{\text{N}}{\text{kg}}$!

c) Wie groß ist die Kraft, mit der die Sonne die Erde auf ihrer Bahn hält?

K 130: Die etwa $4{,}9 \cdot 10^{24}$ kg schwere Venus bewegt sich näherungsweise in einem Abstand von 108 Millionen Kilometer auf einer Kreisbahn um die Sonne. Ein Umlauf dauert circa 225 Erd-Tage.

a) Wie viel Meter lang ist die Bahn der Venus um die Sonne?

b) Um wie viel Grad dreht sich der Fahrstrahl zwischen Sonne und Venus während einer Schulstunde?

c) Mit wie viel Newton ziehen sich Sonne und Venus gegenseitig an?

K 132: Kreisbewegung für Saarländer I

Beim Schwenken rotiere ein mit 6 Würstchen und einem Stück mageren Schweinefleisch gleichmäßig belegter Rost (Durchmesser: 60 cm, hier in Draufsicht gezeichnet) eine Weile lang um seine vertikale Symmetrieachse, wobei er sich pro Sekunde um einen Winkel von 75° drehe. Am Rande des Rostes hänge das 30 mg schwere Fett-Tröpfchen F und rotiere mit. Die Temperatur im Bereich des Rostes betrage durchschnittlich 125 °C.

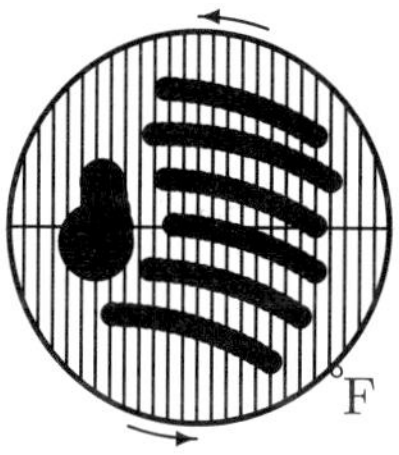

a) Berechne die Bahngeschwindigkeit des Tröpfchens!

b) Wie lange braucht der Rost für 12 volle Umdrehungen?

c) Welchen Kräften (außer Reibung) unterliegt das Tröpfchen? Gib jeweils eine treffende Bezeichnung, die Richtung und den Betrag der Kraft an!

K 134: Kreisbewegung für Saarländer II

Beim Schwenken rotiere ein mit Grillgut (6 Würstchen, 1 Putenschwenker) gleichmäßig belegter Rost (Durchmesser: 60 cm) eine Weile lang mit 45 Umdrehungen pro Minute um seine vertikale Symmetrieachse. Am Rande des Rostes hänge das Fett-Tröpfchen F und rotiere mit.

a) Mit wie viel Hertz rotiert der Rost?

b) Berechne seine Winkelgeschwindigkeit!

c) Um wie viel Grad dreht sich der Rost in 0,8 s?

d) Welchen Weg legt das Tröpfchen pro Sekunde zurück?

e) Im Bild löse sich das Tröpfchen gerade vom Rost. Zeichne deutlich ein, wie sich das Tröpfchen weiter bewegt!

★

K 136: Ein Physiklehrer möchte in einem Experiment die Formel für die Zentripetalkraft bestätigen.

a) Wie lautet der Zusammenhang zwischen den Messgrößen T, m, r und F einer Kreisbewegung? Schreibe die Gleichung in der nach F und in der nach T aufgelösten Form auf!

b) Der Lehrer kann mit der betagten Ausrüstung seiner Schule jede der Messgrößen bestenfalls auf 10% genau messen. Angenommen, er misst m, r und T jeweils um 10% falsch: Um wie viel Prozent zu groß berechnet er daraus F schlimmstenfalls?

c) Um wie viel Prozent zu groß würde er T aus den um 10% fehlerhaften Messwerten von m, r und F schlimmstenfalls berechnen?

★★

K 138: Elenas Modelleisenbahn hat den hier abgebildeten Gleisplan, ganz ohne Höhenunterschiede. Die äußeren Gleise verlaufen etwa wie eine Ellipse, tatsächlich sind es vier Viertelkreise. Die beiden engeren vollständigen Kreise links und rechts haben 60 cm Radius und liegen mit ihren Mittelpunkten 2 m auseinander. Auf ihnen kann Elenas liebste Lokomotive gerade noch mit $90\frac{\text{cm}}{\text{s}}$ fahren ohne umzukippen.

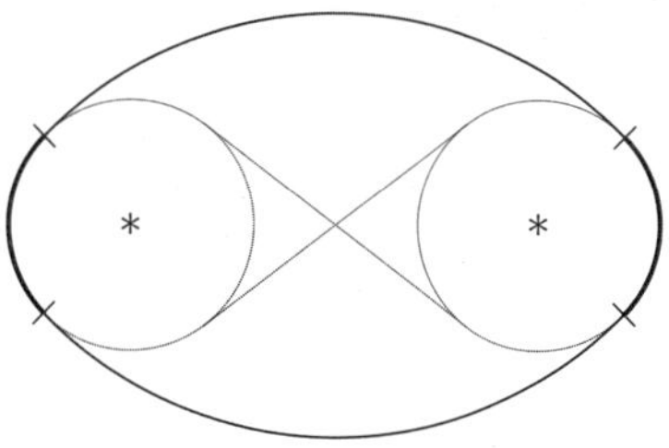

a) Wie schnell kann diese Lok auf den großen Bögen dazwischen fahren?

b) Wie lang sind die geraden Gleisstücke zwischen den kleinen Kreisen?

★★

K 140: Zwecks Aufgabenstellung stehen zwei Hammerwerfer verantwortungslos dicht nebeneinander und schleudern ihre Gummi-Hämmer mit selbem Drehsinn auf horizontalen Kreisen auf selber Höhe. Hammer A wiegt 6 kg und rotiert mit 40 Umdrehungen pro Minute auf einem Kreis mit Radius 90 cm. Hammer B wiegt 5 kg und durchläuft 30 mal pro Minute einen Kreis mit Radius 80 cm. Einer der Hammerwerfer bewegt sich ein wenig zu viel zur Seite, die Kreise tangieren sich und die Hämmer prallen gegeneinander. Welche Geschwindigkeiten haben die Hämmer unmittelbar danach?

★★

K 142: Ein Fahhradreifen mit einem Durchmesser von 64 cm habe eine Masse von 3 kg, die vollständig an der Felge entlang verteilt sei; Speichen und Nabe seien in dieser Aufgabe also masselos. Das Fahrrad stehe kopf und seine Räder still. Ein Mechaniker versetzt das Vorderrad nun in Drehung, indem er mit seiner Hand den Reifen greift, entlang einer Vierteldrehung geschickt eine Kraft von 2 N ausübt und loslässt. Wie oft dreht sich das reibungslose Vorderrad dann pro Minute?

Vektorielle Probleme

★

K 200: Ein $h = 10{,}50$ m hohes Kettenkarussell bestehe aus einem drehbaren Dach mit Durchmesser $d = 6$ m, von dessen Rändern (masselose) Ketten der Länge $k = 8$ m herabhängen.

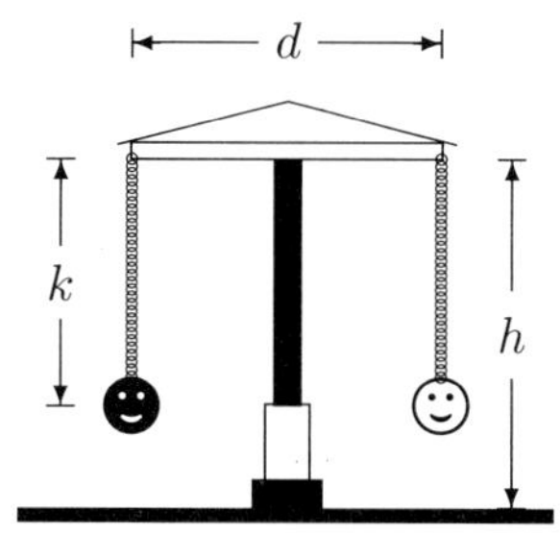

a) Wie schnell müsste sich das Karussell drehen, damit sich die Ketten aus der Vertikalen um 50° nach außen spreizen?

b) Gib für diese Geschwindigkeit bei vernachlässigtem Luftwiderstand alle auf den 75 kg schweren Fahrgast ☺ wirkenden Kräfte mit Betrag und Richtung an!

★★

K 202: Eine 63 m lange Kurve mit einer vernachlässigbaren Fahrbahnbreite habe die Form eines Kreisbogens mit Radius 45 m.

a) Um wie viel Grad ändert sich die Fahrtrichtung in der Kurve?

b) Um wie viel Grad neigt sich ein Motorrad zur Seite, wenn es mit $50\frac{\text{km}}{\text{h}}$ durch diese Kurve fährt?

★★

K 204: Auf einer waagerechten drehbaren Scheibe mit Filzüberzug steht 90 cm von der Drehachse entfernt ein kleines abgesägtes Stück eines Holzstabes, das einen Durchmesser von 2 cm hat und 7 cm hoch ist. Berechne die maximale Drehzahl, bis zu der dieses Zylinderchen stehenbleibt! (Vernachlässige die Luft und nutze aus, dass der Durchmesser des Zylinders relativ klein ist!)

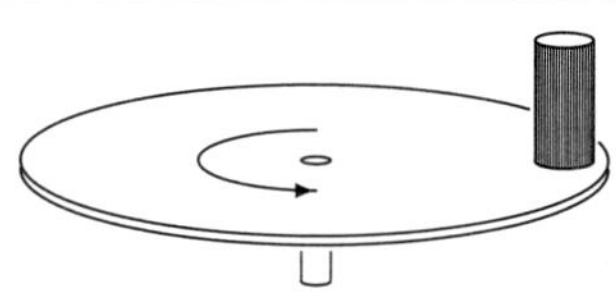